Bernd W. Dornach
Thomas Huber

MEISTERHAFT VERKAUFEN IM HANDWERK

2. Auflage 2005
© by Holzmann Verlag GmbH & Co. KG, 86825 Bad Wörishofen

Lektorat: Achim Sacher, Holzmann Buchverlag
Layout und Satz: Ilse Wagner, Holzmann Buchverlag
Druck: Offizin Andersen Nexö, Leipzig

Artikel-Nr. 1508
ISBN 3-7783-0601-4

INHALTSVERZEICHNIS

Dr. Bernd W. Dornach

I. ANFORDERUNGEN AN EIN PRAXISORIENTIERTES HANDWERKS-MARKETING

„Ich blase die Höllenfeuer aus!"

Ein etwas ungewöhnlicher Anfang möge Ihnen den Einstieg in dieses neue Buch erleichtern, das ich zusammen mit Thomas Huber vom Zukunftsinstitut für Sie geschrieben habe.

Ich verrate Ihnen damit das kleine Jugendgeheimnis, wer zu den Leuten – oder besser gesagt „Geschichten" – gehört, die mich schon immer interessierten und letztlich zu meinem späteren Beruf „inspirierten".

Es war der „Höllenkämpfer" Red Adair, der berühmteste Feuerwehrmann der Welt, der mit 89 Jahren in seiner texanischen Heimatstadt Houston Anfang August 2004, also zum Zeitpunkt der Redaktion dieses Buches, starb.

Die „Augsburger Allgemeine" vom Montag, 9. August 2004 berichtete dazu auf Seite 17 wie folgt:

> *Der Brandbekämpfer mit den feuerroten Haaren war durch das Eindämmen katastrophaler Großfeuer auf der ganzen Welt berühmt geworden. „Gebt mir genügend Dynamit und ich blase euch das Höllenfeuer aus", sagte der furchtlose Texaner einmal.*
>
> *Mit einer von ihm entwickelten Technik rückte er mit Sprengstoff und schweren Geräten gegen die Brände an. Als Chef der Firma „Red Adair Co." löschte er seit den 50er Jahren über 2.000 schwierige Brände und rühmte sich damit, dass keiner seiner Mitarbeiter bei den gefährlichen Einsätzen getötet wurde.*
>
> *Bei einem Einsatz in der algerischen Sahara 1962 machte Paul „Red" Adair zum ersten Mal weltweit Schlagzeilen. Dort löschte er eine seit sechs Monaten brennende Gasquelle, die als „Teufels Zigarettenanzünder" zunächst unbezähmbar schien. Adair bekämpfte 1988 auch das verheerende Großfeuer nach einer Explosion auf der Ölplattform Piper Alpha in der Nordsee, bei der 167 Arbeiter ums Leben kamen.*
>
> *Im Alter von 76 Jahren war er in seinem roten Overall in Kuwait im Einsatz. Adair und seinen Leuten gelang es, 117 Ölquellen, die während des Golf-Krieges in Brand gesteckt worden waren, zu löschen. Eine Umweltkatastrophe konnte dadurch vermieden werden.*
>
> *„Es macht schon Angst: der Krach, das Prasseln und Schütteln", räumte Adair einmal nach einem Einsatz bei einer Explosion ein. Aber aufgeben war nicht sein Stil. Bis ins hohe Alter setzte er die Jagd von Feuer zu Feuer fort. Erst 1994 setzte er sich zur Ruhe.*
>
> *Er habe einen Pakt mit dem Teufel geschlossen, scherzte Adair bei einem Interview in den 90er Jahren. „Er wird mir einmal einen Platz mit einer Klimaanlage geben, damit ich dann kein Feuer mehr löschen muss.".*

Für meine eigene Profession als Marketingexperte lernte ich dazu bei der Beobachtung von „Championsstrategien" in den 60er Jahren einige ganz wesentliche Erfolgskriterien, die ich Ihnen nicht vorenthalten möchte:

1. Zum Aufbau von Kompetenz (der „Lieblingsdisziplin" jedes echten Handwerkers) ist offensichtlich eine hochgradige **Spezialisierung** erforderlich.

2. Diese Spezialisierung erfordert zusätzlich eine spezielle **„Machart",** man könnte auch sagen einen besonderen (Persönlichkeits-)Stil, um damit einen hohen Bekanntheits- und Begehrlichkeitsgrad aufzubauen.

3. Beide Faktoren im Verbund machen (zumindest zu einem hohen Anteil) die für perfektes Marketing so wichtige **Marke** aus.

„SIMPLIFY YOUR MARKETING!"

Auch bei mir haben sich im Laufe des Lebens durch vielfältige Anforderungen und Erfahrungen die Erkenntnisse natürlich erweitert und komplexere Erfolgsformeln ergeben. Gleichwohl besticht unter den Bestsellern der heutigen Literatur immer häufiger die Forderung nach „konsequenter Einfachheit". Und unter diesem Blickwinkel klingt die obige Botschaft „Spezialisierung – Machart – Marke" bestechend.

So wollen wir es auch in unserem neuen Buch halten, das nicht alle Ecken und Kanten beleuchtet, sondern klar und deutlich die „Essentials" verrät. Dieser Ansatz ist umso spannender, weil er durch die Zusammenarbeit mit dem Zukunftsinstitut das Bewährte und vielfach Erprobte mit den neuen Anforderungen von morgen verknüpft.

> „DIE ZUKUNFT HAT VIELE NAMEN.
> FÜR DIE SCHWACHEN IST SIE DAS UNERREICHBARE.
> FÜR DIE FURCHTSAMEN IST SIE DAS UNBEKANNTE.
> FÜR DIE TAPFEREN IST SIE DIE CHANCE."
>
> (VICTOR HUGO)

Neben Spezialisierung, Machart und Marke belohnt die Zukunft vor allem „die Tapferen", wie Sie es meinem ausgewählten Zitat von Victor Hugo entnehmen können.

Im Handwerk, das ja schon immer für seinen besonderen Stil bekannt war, sollten wir diese „Tapferkeit" allerdings nicht nur mit Tradition und Solidität, sondern mehr mit Frechheit und Kreativität interpretieren. Unter diesem Blickwinkel besteht jetzt auch eher die einmalige Chance, den Strukturwandel zu begreifen, die Anforderungen neu zu definieren und die neuen Marktnischen schnell zu besetzen.

Als ziemlich gesichert gilt in Kollegenkreisen, dass der „Verbraucher von morgen" zusätzlich zu effizienten Produktleistungen vor allem neuartige Ideenleistungen honoriert. Fakt ist, dass alle vergleichbaren Leistungen im Kommunikationszeitalter mit höherer Markttransparenz eben über den (günstigsten) Preis ausgetauscht werden und nur darüber hinausgehende Serviceideen extra honoriert werden. Wer außer dem (vergleichbaren) Produkt nichts zu bieten hat, muss über den Preis verkaufen – und das kann teuer werden.

> *„EIN MENSCH IST DANN EINE MARKE, WENN ER IN BESONDERER WEISE EINMALIG, EINZIGARTIG, EIN BISSCHEN KOMISCH UND GERADE DARUM MERKWÜRDIG UND BEMERKENSWERT IST."*
>
> (DR. ALBERT ZIEGLER)

„STÄRKEN STÄRKEN, SCHWÄCHEN SCHWÄCHEN!"

Um diese einfache Botschaft der „Stärken stärken und Schwächen schwächen" ranken sich aktuell in der Tat einige Hundert Bestseller der letzten Jahre – was ja nur bedeuten kann, dass sich dahinter viel Wahrheit verbirgt.

Wir wollen diesem bekannten Erfolgsrezept nichts grundlegend Neues hinzufügen, sondern es mit einer wichtigen Interpretation bewenden lassen. Überlegen Sie vor allem für sich selbst (gleichzeitig natürlich auch für Ihre(n) Partner(in), Ihr Team, Ihren Betrieb usw.), was Ihnen persönlich sehr wichtig ist und/oder worauf Sie Ihre wirklichen persönlichen Stärken begründen können.

Erfolg im Handwerk wird künftig vor allem ein Resultat der **Persönlichkeit** sein, das heißt, dass starke Charaktere mit überzeugendem Auftritt und hoher Authentizität ihr Leben „meistern". Damit sind nicht nur Ihre Produkte und Serviceleistungen im Fokus, sondern vor allem auch Ihr persönlicher Stil. Werden Sie selbst zur Marke!

Das bedeutet auch, dass sich die im Folgenden unterbreiteten Vorschläge nur dann zur Umsetzung eignen, wenn Sie selbst davon wirklich überzeugt sind.

„MIT PROFIL ZUM ZIEL!"

Erfolgsprofis kennen diese Gesetzmäßigkeiten natürlich längst. Wie bei einer guten Rezeptur kommt es jetzt noch auf die richtige Komposition der Zutaten an.

Das bedeutet insbesondere,

- die Positionierung zu finden, sich also im Leistungsbereich – wann immer möglich – vom Wettbewerb abzugrenzen,

- dabei die Zielgruppen genau zu definieren, für die dieses Angebot am besten geeignet ist und

- diese Ideallinie systematisch zu formen und damit ständig zu verbessern sowie strategisch in die Tat umzusetzen.

„OHNE STRATEGIE NIE!"

Zum Schluss dieser hier in aller Kürze dargestellten Vorgehensweise der „Champions" möchte ich noch eine Erfahrung ansprechen, die wir (leider) mit großem Abstand zu anderen Erfolgskriterien als absolut häufigstes Defizit im Handwerk feststellen: Mehr als 90 % aller Betriebe arbeiten ohne Strategie. Genauer gesagt ohne bewusste, schriftlich formulierte, langfristig eingehaltene Strategie.

Das Defizit gestaltet sich so eklatant, dass die meisten Betriebe im Handwerk die elementare Bedeutung einer konsequenten Strategie gefährlich unterschätzen, eher intuitiv und situativ ihre Betriebe führen und sich dementsprechend auch für die Inhalte einer guten Strategie gar nicht erst interessieren.

Deshalb hier einige wenige, gleichwohl wichtige Hinweise dazu, was meiner Meinung nach eine „gute" Strategie bzw. perfekte Strategen auszeichnet:

- Strategen arbeiten mit Konzept, das heißt anhand eines Fahrplans mit konkreten Vorgaben.

- Strategen bereiten sich damit systematisch auf die Herausforderungen der Zukunft vor.

- Strategen denken damit ihre Handlungen und Maßnahmen voraus und klären genau, was sie machen und was sie lassen.

- Strategen orientieren sich nicht mehr nur an den aktuellen Wünschen der Kunden, sondern denken permanent darüber hinaus („Was könnten meine Kunden noch möchten?").

- Strategen passen ihre Aktivitäten den Marktveränderungen und eigenen Erfahrungen permanent an (systematischer Verbesserungsprozess).

- Strategen suchen sich die besten Partner (Mitarbeiter, Lieferanten, Berater, auch „Lebenspartner" etc.) zur Verwirklichung ihrer Ziele.

- Strategen optimieren gezielt ihr Wissen und bilden sich weiter, um ihre eigene Performance zu vergrößern.

- Strategen wählen vor allem ihre Marketinginstrumente so aus, dass sie die Umsetzung ihrer persönlichen Lebensziele konsequent unterstützen.

Sie, werte Leser, dabei „strategisch" zu unterstützen, ist das Hauptanliegen dieses Buches. Sie werden feststellen: Für das offensive Handwerk gibt es gerade jetzt besonders viel zu tun. In diesem Sinne:

„Blasen Sie die Höllenfeuer aus!"

II. „MORGEN IST ES ZU SPÄT!" – TRENDS UND IHRE UMSETZUNG

WOZU BRAUCHEN WIR TRENDS?

Im Vorwort haben wir versucht, zu verdeutlichen, wie wichtig es ist, strategisch mit der Zukunft umzugehen. Der Markt wird in Zukunft nicht einfacher werden, nicht übersichtlicher und auch nicht weniger intensiv im Wettbewerb. Kein Unternehmen wird in den zukünftigen Märkten bestehen, ohne eine klare Strategie und einen bewussten Umgang mit Trends, sprich der permanenten Anpassung an Veränderungen. Das klingt zunächst abstrakt und theoretisch, ist aber keine Hexerei und heißt nicht mehr und nicht weniger, als sich bewusst Gedanken zu machen, was kommen könnte – und daraus Konsequenzen für das Handeln heute zu ziehen. Auf zwei Aspekte möchten wir in diesem Zusammenhang besonders hinweisen.

1. Bewusst bedeutet: regelmäßig und mit Methode. Wie diese Methode aussieht, kann sehr unterschiedlich sein. Für den einen sind es Messen und Veranstaltungen, für andere Kongresse oder Erfahrungsgruppen (Erfa). Für manche Themen braucht es aber auch den kreativen Input von außen oder einen weiter gefassten Blickwinkel – das, was man den „Blick über den Tellerrand" nennt. Dies wollen wir in unserem Buch leisten.

2. Der zweite Aspekt betrifft die Formulierung „Was kommen könnte". Niemand kann die Zukunft vorhersagen. Das Ziel unserer Arbeit in der Trend- und Zukunftsforschung ist es, Wissen aus vielen Disziplinen zusammenzubringen und Ihnen Argumente und Deutungen anzubieten, die Ihnen helfen, Ihren persönlichen Weg in die Zukunft, Ihre Strategie abzugleichen und festzustecken. Denn jede betriebliche Situation ist individuell – nicht jede Lösung passt auf jede Anforderung.

Das bedeutet in unserem Fall: Nicht jeder Trend, den wir hier beschreiben, wird für jeden relevant sein. Was wir Ihnen anbieten wollen, ist ein Überblick über aktuelle Entwicklungen in der Gesellschaft und den Veränderungen im Verhalten der Kunden, die sich daraus ergeben. Wir haben bewusst auf jede Art von theoretischem Vorbau verzichtet. Wer sich weitergehend zum Thema Trend- und Zukunftsforschung informieren will, der sei an dieser Stelle auf Abschnitt III verwiesen. Dort finden Sie eine kurze Zusammenfassung zur Funktionsweise von Trends und Hinweise auf weiterführende Informationen zum Thema.

DIE „BEDIENUNGSANLEITUNG" ZUM BUCH

Dieses Buch verbindet zwei Bereiche, die in der Vergangenheit zumeist separat voneinander behandelt wurden. In dieser Hinsicht versuchen wir Ihnen eine Vorstellung davon zu geben, wie wir glauben, dass Märkte in der Zukunft erobert und bearbeitet werden können: Auf der einen Seite haben wir die Veränderungen und den Prozess des Wandels in der Gesellschaft – das, was letztlich die Nachfrage definiert und somit für jeden ausgegebenen Euro in unserer Wirtschaft verantwortlich ist; das große Bild.

Auf der anderen Seite stehen Anregungen und Ideen, wie solche Veränderungen in der Praxis sichtbar werden sowie Umsetzungsbeispiele – das, was in der Sprache des Marketings heute unter „Best Practice" oder „Benchmarking" läuft – letztlich also schlicht und ergreifend Lösungen, die andere als Antwort auf Veränderungen gefunden haben.

Und weil wir praktisch denkende Menschen sind, haben wir die Formulierung „auf der einen und auf der anderen Seite" für das vorliegende Buch wört-

lich genommen. Für die nachfolgenden 25 Trends finden Sie also auf der linken Seite – so knapp wie nötig – die jeweiligen Veränderungsprozesse in Form einer Trendbeschreibung, einem Blick auf die Auswirkungen und die Zielgruppe. Und auf jeder rechten Seite finden Sie dazugehörend gleich die Umsetzung des Trends in die Praxis, mit Anregungen, Ideen und Beispielen.

Wir hoffen, Sie damit so umfangreich und so konkret wie möglich anzuregen und zu unterstützen. Wir hoffen außerdem, damit eine Form gefunden zu haben, die den Umgang mit Trends und Veränderungsprozessen im täglichen Geschäft sowie den Aufbau einer konsequenten Strategie so effektiv wie möglich begleitet.

Thomas Huber

III. TRENDS UND MEGA-TRENDS

SIEBEN HÄUFIGE FRAGEN ZUR FUNKTIONSWEISE VON TRENDS

Trends, wie wir sie verstehen, sind Veränderungsprozesse in der Gesellschaft. In diesem Buch stellen wie Ihnen einige Mega-Trends und Konsumenten-Trends vor. Was die einen nun von den anderen unterscheidet und wie Trends funktionieren, soll Ihnen dieser kurze Überblick erläutern.

1. WIE ERKENNT MAN TRENDS?

Trends zu erkennen bedeutet, Signale zu erfassen und miteinander in Bezug zu bringen, die zum jeweiligen Zeitpunkt noch als getrennt wahrgenommen werden. Diese „schwachen Signale" mit existierendem Datenmaterial rückzukoppeln und eine in sich schlüssige Deutung zu finden, ist das Arbeitsgebiet der Zukunftsforschung.

Quellen für solche Signale sind vorhandene Daten aus Statistiken, Studien, Befragungen etc, Veröffentlichungen in den Medien (so genanntes Monitoring), Input und Befragungen durch Experten („Delphi-Studien"), Erstellung von Szenarien, Tiefeninterviews sowie eigene Befragungen, Studien und Trendscouting vor Ort. Die wesentliche Arbeit der Zukunftsforschung ist die Verdichtung der verschiedenen einzelnen Datenquellen und die Prognose der möglichen Weiterentwicklungen in Form von einzelnen Trends.

2. WAS SIND MEGA-TRENDS?

Mega-Trends sind nach der Definition des Zukunftsforschers John Naisbitt charakterisiert durch mehrere Kriterien:

■ Mega-Trends sind langfristig: Sie prägen einen Wandel, der mindestens ein halbes Jahrhundert andauert.

■ Mega-Trends umfassen die Schichten Zivilisation, Konjunktur, Technologie und ragen bisweilen bis in die Ebene von Zeitgeist und Märkte hinein.

■ Mega-Trends sind allgegenwärtig und interdisziplinär. Ihre Auswirkungen umfassen alle Bereiche des menschlichen Lebens: Technologie, Kultur, zwischenmenschliche Beziehungen, Arbeitswelt, Konsum. Sie zeigen sich auf der mentalen Ebene ebenso wie in den ökonomischen Fakten.

Der Mega-Trend „Alterung der Gesellschaft" tritt also sowohl in Deutschland wie auch in Japan, Italien oder Kanada auf, baut sich über Jahrzehnte auf und ist nicht einfach umkehrbar oder abzustellen, man kann ihn begrüßen oder verteufeln – aber man kann sich ihm nicht entziehen.

3. WAS SIND KONSUMENTEN-TRENDS?

Konsumenten-Trends beschreiben die Gründe für die Veränderungen im Konsumverhalten der Menschen. Warum also die Menschen plötzlich weniger, mehr oder andere Dinge wollen und kaufen und welche Auswirkungen das in den kommenden Jahren haben kann. Diese Trends werden oft englisch benannt, da sich die englische Sprache hervorragend eignet, solche Veränderungsvorgänge bildhaft zu bezeichnen. Zumal zeigen sich viele dieser Trends zuerst in den sehr marketingorientierten Märkten Großbritanniens und der USA, die schneller auf solche Veränderungen reagieren.

■ Konsumenten-Trends haben eine Halbwertszeit von 10 bis 15 Jahren.

■ Sie markieren generalisierte Veränderungen im Konsumverhalten, die nie nur ein einzelnes Produkt oder eine Produktgattung umfassen.

■ Konsumenten-Trends reichen von den Schichten Technologie, Konjunktur, Märkte und Zeitgeist bis in die Oberflächenbereiche des Konsums.

■ Konsumenten-Trends umfassen immer auch ein soziales Kernmotiv. Also zum Beispiel den zunehmenden Wunsch nach Geschütztheit, das Verlangen nach neuer sozialer Gemeinsamkeit oder den Wunsch, beengende Grenzen zu überschreiten.

4. Was ist mit Technologie-Trends?

Wie der russische Ökonom Kondratieff nachgewiesen hat, sind die technologischen „Bögen" des industriellen Zeitalters relativ konstant: Alle 40 bis 50 Jahre verändert eine Schlüsseltechnologie unsere Welt, erhöht den Wohlstand, führt zu Rationalisierungsbewegungen und gesteigerter Produktivität. Die Wellen der letzten 200 Jahre, in denen jeweils eine Schlüsseltechnologie und ein Schlüsselrohstoff die Welt veränderten, sind:

- ab 1830: Dampfmaschine und Baumwolle
- ab 1880: Eisenbahn und Stahl
- ab 1910: Elektrizität und Chemie
- ab 1950: Auto und Erdöl
- ab 1990: Computer und Information
- ab ca. 2030: Nano-Gen-Tech

Technologietrends entspringen fast immer dem Expertenwissen der vertikalen Branchen und der Wissenschaft und müssen dann mit der sozialen Realität der Gesellschaft rückgekoppelt werden, um Wirkung zu zeigen (man denke an das UMTS-Debakel).

5. Was ist mit den Trends in den Medien und bei Produkten?

An der Oberfläche unserer Alltagskultur zeigen sich permanent Moden und Produkttrends: Technische Gadgets, Saisonphänomene, Farben und Produkte, die einen oder zwei Sommer leben. Was im Volksmund „Trends" genannt wird, sind in Wirklichkeit Produkt- und Vermarktungsmoden, die in der Regel auf Konsumenten-Trends basieren und dem jeweiligen Trend ein besonders zugespitztes Erscheinungsbild geben, aber selbst keine Konsumenten-Trends sind. Der rasante Siegeszug der DVD ist also zwar ein Kennzeichen für den Konsumenten-Trend „Rückzug ins Private auf der Suche nach Geborgenheit" (Homing), an sich aber kein Konsumenten-Trend.

6. Widersprechen sich nicht manche Trends?

Im gesamten Universum geht keine Bewegung ohne Gegenbewegung vor sich. Die umfassende Beschleunigung unserer gesellschaftlichen Umfelder (oder dem, was wir als solche wahrnehmen) führt bei vielen zu begeisterter Zustimmung: Veränderung und Wandel werden positiv gedeutet, denn sie brechen mit dem Alten, reißen Grenzen nieder und schaffen permanent neue Optionen, neue Chancen. Für die „neuen Nomaden" ein wunderbarer Zustand.

Den Gegentrend hierzu kennzeichnet „Homing": Die permanente Veränderung der Umwelt, der andauernde Anpassungsdruck am Arbeitsplatz und die immer turbulenteren, sprich unübersichtlicheren, sozialen Umwelten führen zu einer Reaktion von Einigelung, Rückzug und dem immer stärkeren Wunsch nach Geborgenheit.

So lassen sich eigentlich alle Trends betrachten: „Bad Taste", schlechter Geschmack also, ist der Gegentrend zur „Ästhetisierung". Als Gegenbewegung zur Technologisierung und Virtualisierung fungiert „Retro" und so weiter.

7. Wo kann ich mehr über Trends und Trendforschung erfahren?

Weitere Informationen zu Trend- und Zukunftsforschung sowie ein umfangreiches Studienprogramm zu Märkten, Gesellschaftsveränderungen und aktuellen Entwicklungen finden Sie beim Zukunftsinstitut unter www.zukunftsinstitut.de.

IV. 25 TRENDS UND IHRE BEDEUTUNG FÜR DAS HANDWERK

Thomas Huber

4 FRAGEN ZUM MEGA-TREND: INDIVIDUALISIERUNG

WAS IST EIGENTLICH INDIVIDUALISIERUNG?

„Individualisierung ist, wenn jeder macht, was er will!" Dieser saloppe Ausspruch bringt auf den Punkt, was der Mega-Trend Individualisierung in unserer Gesellschaft verändert hat. Seit den 70er Jahren wachsen die Optionen, die Möglichkeiten und die Freiheitsgrade in den westlichen Industrienationen. Alles ist veränderbar: der Wohnort, der Beruf, der Lebenspartner, die Religion, das Geschlecht, das eigene Gesicht. Was in gleichem Maße abgenommen hat, ist die Orientierung. Wir können alles machen, haben aber keine Möglichkeit mehr zu vergleichen, ob es gut war oder unsinnig. Daher wird der Bedarf nach Orientierungsleistungen wachsen, in Form von Beratung, Coaching und Lebensassistenz (siehe auch dort).

WAS STECKT DAHINTER?

Die Individualisierung war eine große Emanzipationsbewegung, die jedem Menschen das Recht geben wollte, zu sein, wie er möchte und das aus sich zu machen, was er sich vorstellte. Somit steht die Individualisierung in ganz tiefem Zusammenhang mit den Grundrechten, wie wir sie für demokratische Gesellschaften verlangen. Das Projekt war jedoch so erfolgreich, das es mittlerweile an einem Wendepunkt angekommen zu sein scheint. Statt der Gleichschaltung, der wir mit Schaudern entronnen sind, haben wir nun eine Zersplitterung in Millionen von „Einzeluniversen". In vielen Bereichen ist dies mittlerweile zur Last geworden, denn es bedeutet auch: immer entscheiden, bei allem überlegen, permanent abwägen. Ein anstrengender Zustand, denn die neuen Werte, an denen wir uns orientieren könnten und die das 21. Jahrhundert kennzeichnen werden, sind noch nicht klar erkennbar.

WELCHE AUSWIRKUNGEN HAT DER TREND?

Der Individualismus wird gemeinhin gleichgesetzt mit Ego-Verhalten, das rücksichtslos auf sich selbst achtet und sonst auf nichts. Und in den vergangenen Jahren hatte es bisweilen als Hyper-Hedonismus diese Maske auch auf. Immer mehr Menschen empfinden jedoch den drängenden Wunsch nach einer neuen Gemeinsamkeit. Die Individualisierung ist somit auch verbunden mit der Suche nach einem neuen Konsens, der es uns gestattet, so zu leben, wie wir wollen, ohne dass dabei jegliche soziale Bindung verloren geht. Auf diesem Weg sind wir noch weit vom Ziel entfernt, doch die Diskussionen um den strukturellen Wandel, um Generationenzusammenhalt, um neue Modelle und flexiblere Ansätze zeigen, dass etwas in Bewegung gekommen ist.

Individualismus heißt aber auch ganz konkret: Vergessen Sie Standardangebote und Massenzielgruppen. Jeder möchte nach seinen individuellen Bedürfnissen bedient werden, exakt nach dem zu ihm speziell passenden Angebot und Produkt. Am besten eines, das sich an seine wechselnden Lebensumstände anpassen lässt – modular aufgebaut, flexibel und jederzeit verfügbar ist.

WIE STABIL IST DER TREND?

Der Individualismus ist einer der Kernbegriffe unseres Gesellschaftsmodells und wird uns noch viele Jahre begleiten. Aus dieser Annahme folgt, dass der Trend in Zukunft stabil sein wird.

Dr. Bernd W. Dornach

WELCHE FOLGEN HAT DER TREND FÜR DAS HANDWERK?

Wie viele andere Zukunftsoptionen ist gerade die Individualisierung prädestiniert, die Besonderheiten des Handwerks vorteilhaft zu verwerten. Dies bezieht sich nicht nur auf die typischen kleinbetrieblichen Strukturen des Handwerks sondern vor allem auf die Mentalität der Geschäftsinhaber. Es ist (in positivem Sinne) bekannt, dass sich Handwerker selbst häufig bzw. am liebsten als Individualisten sehen. So könnten sich die zumeist unter betriebswirtschaftlicher Perspektive dem Handwerk als nachteilig zugesprochenen Eigenschaften, wie z. B. die geringe Standardisierung der Fertigungsabläufe und der Trend zu hoher Fertigungstiefe mit geringer Fremdvergabe von Teilleistungen, auch als Vorteil erweisen.

Beim Mega-Trend der Individualisierung treffen demnach im Idealfall individuelle Verbraucherwünsche auf individuelle Handwerker-Persönlichkeiten.

WELCHE CHANCEN ERGEBEN SICH FÜR DAS HANDWERK?

Der oben geschilderte Idealfall setzt ein hohes Maß an gegenseitiger Übereinstimmung, Akzeptanz und Wertschätzung voraus. Unter dieser Vorgabe findet der anspruchsvolle Individual-Konsument im Handwerk seinen „Meister" zur Umsetzung und Weiterentwicklung seiner Wünsche. Umgekehrt hat der Handwerker im Individual-Konsumenten ein dauerhaft wirtschaftlich interessantes Zielobjekt – vorausgesetzt, beide Mentalitäten passen zusammen und der Handwerker hat (was leider oft unbeachtet bleibt) dauerhaftes Interesse an der Kundenbindung.

WELCHE RISIKEN SIND ZU BERÜCKSICHTIGEN?

Unter Berücksichtigung der oben dargestellten Zusammenhänge liegen die Risiken des Geschäftspotenzials der Individualisierung in einer genauen gegenseitigen „Wer-passt-zu-wem?"-Abstimmung. Dabei dürfte, wie in der überwiegenden Mehrheit der folgenden Analysen nachweisbar, der Konsument schon professioneller vorgehen. Viele Aufträge kommen deswegen nicht zustande, weil der individualisierte Konsument vergebens nach dem aus seiner Perspektive idealen Handwerkspartner Ausschau hält.

Die umgekehrte Blickrichtung (Handwerker sucht idealen Kunden) ist aus – faktisch eigentlich nicht nachvollziehbaren Gründen – in der Umsetzung bisher eher selten ausgeprägt.

Die Unzufriedenheit mit dem Handwerk ist häufig ein Resultat solcher Geschäftsbeziehungen, die wegen unterschiedlicher Einstellungen von Anfang an nicht zusammenpassen.

WELCHES KONKRETE BEISPIEL GIBT ES ZUR UMSETZUNG?

www.massschuh.de – stellt den Schuhkauf „vom Kopf auf die Füße"

Das Beispiel „Schuhe und Bekleidung" zeigt, dass immer mehr Menschen trotz – oder gerade wegen – der kaum noch zu übersehenden Vielfalt an Angeboten auf maßgeschneiderte, individuelle Lösungen zugreifen. Die Maßkonfektion und die Maßbekleidung sind ein in Deutschland stetig wachsender Markt, von dem auch das Handwerk profitieren könnte, wenn es diesen Markt richtig bearbeitet. Die Marktforschung zeigt, dass vor allem wohlhabende und ältere Menschen den Wunsch nach Maßbekleidung haben und auch das frei verfügbare Einkommen besitzen, sich diesen Wunsch auch – trotz gehobener Preise – zu leisten. Dies gilt auch für die Bekleidung der Füße.

Passende Schuhe zu finden, die nicht nur den Fuß bei seiner täglichen Arbeit unterstützen, sondern darüber hinaus auch gut aussehen, ist für viele Menschen im normalen Schuhhandel kaum möglich. Der Schuhkauf „von der Stange" endet meist – vor allem für Frauen – in einem schmerzhaften Kompromiss. Wir entscheiden uns entweder für die Schönheit oder für die Passform oder die Qualität. Doch der Schuh unser Träume, der zu 100 % passt und uneingeschränkt unseren ästhetischen Vorstellungen und Qualitätsanforderungen genügt – der maßgeschneiderte Schuh –, war bisher nur bei wenigen Maßschuhmachern zu sehr hohen Preisen zu erhalten.

www.massschuh.de zeigt, dass es auch anders geht. In den letzten fünf Jahren hat ein Verbund von Maßschuhmachern und Technologieunternehmen eine Systemlösung entwickelt, die den Schuhkauf „vom Kopf auf die Füße stellt". Wer zu einem Schuhmacher geht, der mit www.massschuh.de zusammenarbeitet, findet dort „das größte Schuhgeschäft in Verbindung mit der kleinsten Schuhfabrik der Welt". Der Kunde findet maßgeschneiderte Traumschuhe zu einem erstaunlich günstigen Preis.

Der Schuhmacher vermisst dabei den Fuß und stellt einmal den für den Kunden passenden Leisten her. Im Schuhmacheratelier findet der Kunde – derzeit hauptsächlich die Herren, aber in Zukunft auch die Damen – eine Modellvielfalt, die mit den größten Schuhgeschäften mithalten kann. Hat der Kunde seinen Traumschuh definiert, wird für ihn das Modell gefertigt. Die Herstellung wird über eine Internetplattform unterstützt: Schuhmacher, Modellmacher und Leistenfabrik arbeiten über eine Internetplattform zusammen. Auf diese Weise können auch diejenigen Unternehmen, die an den unterschiedlichsten Orten in Deutschland angesiedelt sind, effizient bei der Herstellung eines gemeinsamen Produktes kooperieren.

Diese Maßschuhfertigung – die bei www.massschuh.de von modernster Technik unterstützt wird – ist im besten Sinne neohandwerklich und postindustriell. Sie ermöglicht die Herstellung von Einzelpaaren zu erstaunlich günstigen Preisen. Denn was den Maßschuh teuer macht, ist nicht der Leisten. Hat der Kunde erst einmal seinen persönlichen Leisten, entscheidet er selber mit seinen Qualitätsanforderungen an Leder und Machart über den Preis. Der Idealschuh, das Optimum für Körper und Seele, muss auf diese Weise kein Traum mehr bleiben. Und die einzige Frage, die sich dann noch stellt ist: „To shoe or not to shoe?"

Thomas Huber

4 Fragen zum Mega-Trend: Alternde Gesellschaft

Was ist eigentlich die alternde Gesellschaft?

Die Alterung der Gesellschaft (Ageing Society) ist eine Tatsache. Zum einen werden wir immer älter, denn die Lebenserwartung wächst derzeit jährlich um rund acht Wochen. Sie liegt bei Männern zwischenzeitlich bei Mitte 70 und bei Frauen über 80 Jahren. Zum anderen kommen immer weniger Junge nach und die Geburtenrate von rund 1,35 reicht nicht, um die Bevölkerung stabil zu halten. Schon 2035 wird Deutschland das Land sein, das die älteste demographische Struktur aufweist.

Was steckt dahinter?

Die medizinischen Fortschritte sind ebenso wie die vernachlässigte Familienpolitik ein Grund für die „Vergreisung" unserer Gesellschaft. Wir leben länger und für immer weniger Menschen sind Kinder eine Option zur persönlichen Entwicklung und Karriere: in Deutschland ist es immer noch fast unmöglich, Berufstätigkeit und Familie „unter einen Hut zu bringen".

Welche Auswirkungen hat der Trend?

Die Alterung der Gesellschaft wird eine der massivsten Veränderungen der kommenden Jahre mit sich bringen: Produkte, Angebote, Technologien und Kommunikation müssen auf eine bisher nur stiefmütterlich beachtete Käufergruppe eingestellt werden. Wir werden den Abschied vom Jugendkult erleben, wie er sich heute in der Popmusik bereits ankündigt. Zugleich sind „die neuen Alten" nicht mehr „die alten Alten". Zum einen verfügen sie, zumindest in den kommenden 20 Jahren, über mehr frei verfügbares Einkommen als jemals zuvor – und immer weniger davon wird für die „kommenden Generationen" gespart. Zum anderen verändern sich die Konsumgewohnheiten und Einstellungen der Älteren drastisch (siehe auch nachfolgenden Trend „All-Age-Konsum"). Viele Produktentwicklungen und Angebote, die zunächst für den Seniorenmarkt entwickelt werden (Stichwort einfache Handhabung, Automatisierung, Bequemlichkeit), werden zudem auch im allgemeinen Markt Standard werden. Beratung, Projektbegleitung und Coaching werden stark aufgewertet, ebenso wie die Einfachheit in der Abwicklung. Das Erhalten und Pflegen wird wichtiger als neu zu bauen oder zu erwerben und Sanierung wird auf Kosten des Neubausektors gewinnen.

Wie stabil ist der Trend?

Kaum etwas ist so stabil wie die Bevölkerungsentwicklung. Sofern Deutschland nicht massiv Zuwanderung fördert, wonach es derzeit nicht aussieht, wird dieser Trend so sicher eintreten wie der Morgen nach dem Abend. Hier entstehen neue Märkte, die eine Vielzahl von Nischen und Entwicklungspotenzialen bieten.

Dr. Bernd W. Dornach

WELCHE FOLGEN HAT DER TREND FÜR DAS HANDWERK?

Obwohl die zunehmende Alterung der Gesellschaft eine gesicherte Tatsache ist, gibt es bisher nur wenig konsequente Umsetzungskonzepte. Dabei ist gerade das Handwerk – von den Führungskräften wie auch den Mitarbeitern – von der Überalterung selbst direkt betroffen. Durch mangelhafte Vorsorge- und Nachfolgekonzepte müssen viele Handwerksmeister länger arbeiten, als ihnen lieb ist. Ähnlich verhält es sich bei den Mitarbeitern im Handwerk, die aufgrund der körperlichen Belastungen verschiedener Gewerke ihre volle Leistungsfähigkeit frühzeitig verlieren. Aufgrund des anhaltend schlechten gesellschaftlichen Images vieler Handwerksberufe und besserer Förder- und Verdienstmöglichkeiten in der Industrie kämpft das Handwerk heute schon mit einem Nachwuchsproblem.

Die Vernachlässigung der älteren Kundengruppen durch das Handwerk resultiert häufig aus dem hohen Betreuungsaufwand dieser Klientel. Bekanntlich konzentriert sich eine Vielzahl von Handwerksunternehmern lieber auf ihre Arbeit als auf die Kommunikation im Umfeld.

WELCHE CHANCEN ERGEBEN SICH FÜR DAS HANDWERK?

Die umsatzrelevante Bedeutung der Ageing Society ergibt sich neben dem steigenden Bevölkerungsanteil vor allem auf der Kaufkraftbündelung bei dieser Zielgruppe. Außerdem ist bei traditionellen Handwerkerleistungen unter der älteren Bevölkerungsgruppe grundsätzlich von einer höheren Wertschätzung auszugehen als bei jüngeren Kunden.

In Kürze lassen sich die zielgruppenspezifischen Anforderungen auf die vier Profilierungsebenen Kommunikation, Qualität, Komfort und Kontinuität verdichten. Besonders wichtig sind demnach vertrauensvolle Gesprächspartner mit der Bereitschaft zu fachlichem und emotionalem Tiefgang, der Verweis auf traditionelle Herstellungsverfahren und auf Langlebigkeit ausgelegter Qualitätsprodukte, das Angebot von Bequemlichkeits- und Extraservicelösungen (die bei dieser Klientel häufig auch gesondert honoriert werden) sowie die Dauerhaftigkeit des Kundenkontaktes.

Aktuell gibt es sogar häufiger wieder Fälle, bei denen solche langfristigen Geschäftsbeziehungen sogar mit Erfolg auf jüngere Generationen „vererbt" werden.

WELCHE RISIKEN SIND ZU BERÜCKSICHTIGEN?

Genauso zuverlässig wie der Trend alternden Gesellschaft ist, genauso groß ist die Fülle der (leider für das Handwerk häufig eher ungeeigneten) Fachbücher zum Thema.

Nicht unbedingt trendkompatibel sind beispielsweise (wie oft empfohlen) große Schrifttypen, einfache Darstellungen, laute und deutliche Worte und einfache Lösungsalternativen. Genauso wenig ist die alternde Gesellschaft eine „Zielgruppe zum Abzocken" mit fehlender Marktinformation und der Bereitschaft, überteuerte Preise zu akzeptieren.

Ein beträchtlicher Teil der Zielgruppe hat beispielsweise trotz guter Kaufkraftausstattung eher Angst vor einer langen (und damit teuren) Lebenserwartung. Die Sorge vor hohen Kosten einer alters- oder krankheitsgerechten Unterbringung außer Haus ist aber gleichzeitig einer der wichtigsten Beweggründe für möglichst lange Lebenszeit in den eigenen vier Wänden und der Bereitschaft, dort entsprechend in Handwerkerleistungen zu investieren.

WELCHES KONKRETE BEISPIEL GIBT ES ZUR UMSETZUNG?

Nullbarriere: Raus aus der Servicewüste hin zum kundenorientierten Leistungsverbund rund um das Bad

Vor rund sechs Jahren begann die BAVITA-Erfolgsgeschichte (www.bavita.de) mit der engen Zusammenarbeit des Fliesenlegermeisters Michael Bär und dem ortsansässigen Sanitärbetrieb Erwin Rübsamen GmbH in der Region Siegerland und im Laufe der Zeit weit darüber hinaus. Nach anfänglich guten Erfahrungen aus der Praxis gründeten die beiden Betriebe den Leistungsverbund „BAVITA-Bäder voll im Leben".

Ziel der Kooperation war zunächst die koordinierte Erstellung von schlüsselfertigen Bädern aus einer Hand. Extrem zukunftsweisend stellte sich auch schnell die gemeinsam erworbene Zertifizierung für „Barrierefreies Bauen + Wohnen" bei der Handwerkskammer in Trier heraus. Alten- und behindertengerechter Wohnraum für ein selbstständiges Leben zu Hause für eine besonders anspruchsvolle und wachsende Zielgruppe stand nun auf dem gemeinsamen Leistungsplan. Die Zeichen der Zeit wurden erkannt und von jetzt an wurden alle baulichen und technischen Möglichkeiten – vom rollstuhlgerechten Familienbad, über das Sitz-Duschbad mit Tür bis hin zum intelligenten Kochzentrum – gemeinsam entwickelt und umgesetzt.

Nicht verwunderlich, dass bei der großen Kundenresonanz und Zustimmung auch quantitatives Wachstum angesagt war. Rasch wurde aus dem Duo ein Sextett. Weitere Meisterbetriebe, mit denen sich eine positive Zusammenarbeit abzeichnete und das „Menschliche" ebenfalls passte, wurden in den Leistungsverbund aufgenommen: So stießen neben einem Elektriker, einem Trockenbauunternehmen und einem Tischlermeisterbetrieb eine weitere Sanitärtechnikfirma hinzu und rundeten den Verbund ab.

Zu diesem Zeitpunkt war eine Stufe der Kooperation erreicht, auf der alle Gewerke „rund ums Bauen und Wohnen" bedient werden konnten. So hieß es seitdem: BAVITA – Bauen fürs Leben. Die Kunden von BAVITA kennen durch die optimal aufeinander abgestimmte und übergangslose Fertigung keine zeit- und nervenaufreibenden Abstimmungsprobleme. Zudem schätzen Sie das gemeinschaftliche Fachwissen der Kooperation hinsichtlich Generationsdenken und Komfortlösungen, denn die meisten Erleichterungen sind für alle Menschen in der eigenen vertrauten Umgebung angenehm!

Da der sensible Umgang mit Menschen im Vordergrund steht und die eng verzahnten Kooperationsmitglieder sich in ihren Wohnberatungsgesprächen mit fundamentalen Fragen wie „Was muss umgebaut werden, damit ich bei Pflegebedürftigkeit in meiner Wohnung verbleiben kann?" auseinander setzen müssen, trifft sich der Verbund im regelmäßigen dreiwöchigen Turnus und akzeptiert den permanenten Lernprozess. Auch die Mitarbeiter werden hierbei eigenverantwortlich integriert.

Thomas Huber

4 Fragen zum Mega-Trend: Feminisierung

Was ist eigentlich Feminisierung?

Die Bedeutung der Frauen für die Wirtschaft und den Konsum wird in Zukunft stark zunehmen, denn immer mehr Frauen sind finanziell unabhängig. Seit Jahren steigt das Bildungsniveau der Frauen stark an. Folglich werden immer mehr wirtschaftliche Entscheidungen von Frauen getroffen, und zwar im doppelten Sinne: Frauen bestimmen, was angeschafft wird und immer mehr Frauen bestimmen in den Firmen über die Budgets. In den USA kontrollieren Frauen heute schon 80 % aller privaten Haushaltsausgaben. Sie beeinflussen 90 % aller Autokäufe und halten 53 % aller Aktien. Sie besitzen acht Millionen Unternehmen. Das ist jedes dritte Unternehmen in den USA. Diese Zahl ist seit 1987 um 78 % gestiegen.

Was steckt dahinter?

Immer mehr Frauen sind besser gebildet als Männer. Schon heute machen in Deutschland mehr Mädchen als Jungen Abitur und bald werden sie auch die Mehrzahl der Studenten stellen. Diese Verteilung ist in allen westlichen Staaten ähnlich oder sogar zu Gunsten der Frauen noch weiter fortgeschritten. Aus der größeren Perspektive deutet sich ein grundsätzlicher Wandel an: Weg vom „männlichen Modell" der Zahlen, Ja-oder-Nein-Entscheidungen, Prinzipien, Regeln und Dogmen, hin zum Modell der Vermittlung, das den kommunikativen Anforderungen der Wissensgesellschaft eher gerecht wird. Frauen schneiden in der Ausbildung besser ab und haben statistisch gesehen immer seltener Kinder und daher mehr Zeit für Karriere und Beruf. Dabei kommt ihnen ihr höherer Bildungsgrad wieder zugute. Die wachsende Zahl weiblicher Unternehmensgründer belegt diesen Umschwung im Osten wie auch im Westen der Republik.

Welche Auswirkungen hat der Trend?

Das steigende Einkommen der Frauen führt zu einer massiven „Verweiblichung" des Konsums. Kommunikative Aspekte, die Männer oft eher als unangenehm empfinden, werden zukünftig aufgewertet. Man ist also gut damit beraten, sich darauf einzustellen, dass Projektfortschritte zunehmend mit Worten erläutert werden, dass man stärker in Netzwerken zu denken beginnt, anstatt in klassischen Hierarchiestrukturen. Auch wird man es häufiger mit Frauen als Chefs zu tun bekommen und mit großer Sicherheit sind Frauen in Zukunft die größere Kundenzielgruppe, die sehr genau weiß, was sie möchte und wie sie ihr Geld verteilt.

Wie stabil ist der Trend?

In fast allen Staaten der Erde ist zu beobachten, dass Frauen in puncto Bildung, verantwortliche Jobs und Gründung von Unternehmen aufholen. Nicht überall gleich schnell, doch zumindest in der westlichen Welt scheint die Zeit des Patriarchats abgelaufen. Und der Trend wird in den kommenden Jahren eher an Tempo noch zulegen.

Dr. Bernd W. Dornach

WELCHE FOLGEN HAT DER TREND FÜR DAS HANDWERK?

Die enorme Bedeutung der weiblich dominierten Kaufentscheidungen lässt sich am besten im Bau- und Wohnsektor verdeutlichen. Die Verlagerung von der ursprünglichen Bedeutung des Neubaus hin zum Umbauen, Modernisieren, der Ökologisierung etc. beschleunigt das frauentypische Denken und Handeln zusätzlich.

Die Rolle der Frau als „Bewahrerin" zeigt sich wiederum zweiseitig. Wie in vielen anderen Geschäftsbereichen werden gerade im Handwerk viele Betriebe durch die Initiativen der Frauen am Leben gehalten, um den Betrieb für die nächste Generation zu erhalten. Ähnlich entscheidet sich die Frau als Konsumentin gerade im häuslichen Bereich für den Erhalt und die Pflege der Werte und löst dementsprechend ursächlich entsprechende Renovierungen aus. Allein der Trend zum zunehmenden familiären Wohnen mehrerer Generationen unter einem Dach wird in den nächsten Jahren ein signifikantes Umbaupotenzial auslösen. Nur diejenigen Handwerksunternehmer können im sensiblen Bereich des „Bauens im Bestand" (d. h., dass das Objekt während der Bauphase auch gleichzeitig bewohnt wird) erfolgreich sein, die sich auf die spezifischen Anforderungen der Frauen einstellen.

WELCHE CHANCEN ERGEBEN SICH FÜR DAS HANDWERK?

Die für die Entscheidungssituation der Frau gewohntermaßen intensivere Auseinandersetzung mit der emotionalen Materie wird in Kombination mit flexiblen und kreativen Handwerkerlösungen zu herausragenden Kundenzufriedenheitslösungen führen.

Dreh- und Angelpunkt wird dabei verstärkt das Kommunikationspotenzial des Verkäufers bzw. der Verkäuferin sein. Viele Handwerksunternehmen werden scheitern, wenn sie sich der Klärung der Entscheidungssituation im sensiblen, langfristigen Dialog nicht stellen. Dabei werden Umgangs- und Benimmregeln genauso in der Bedeutung zunehmen wie Körpersprache, Rhetorik und Feingefühl.

Große Bedeutung werden darüber hinaus die Bereiche Farb- und Stilberatung, Charakterkunde und Psychologie, aber auch Gesundheit und Wohlbefinden haben. Der an späterer Stelle dokumentierte Trend „Wellness" wird im von Frauen dominierten Entscheidungsbereich ein adäquater Ersatz für viele wegbrechende Märkte, beispielsweise im Neubausektor, werden.

WELCHE RISIKEN SIND ZU BERÜCKSICHTIGEN?

Die Quote der Handwerker, die am Trend „Feminisierung" scheitern, wird vermutlich hoch sein. Verantwortlich dafür sind nicht nur hohe Defizite in der emotionalen Kompetenz oder Empathie (sich in den anderen hineindenken können) sowie das (häufig bei Männern) eher gering ausgeprägte Verständnis für die Sensibilisierung des Konsums. Das größte Problem für Handwerker werden die weiblichen Strategien sein. Wenn sich während einer Geschäftsbeziehung Probleme anbahnen, werden diese durch schnelle Ad-hoc-Reaktionen kaum gelöst werden können. Reklamationen können sich, selbst wenn sie nachgebessert wurden, zum lang anhaftenden Kritikpunkt herauskristallisieren – im Besonderen, wenn „professionelle Entschuldigungsrituale" die verletzten Gefühle der Frau(en) nicht wirklich dauerhaft aus der Welt schaffen.

WELCHES KONKRETE BEISPIEL GIBT ES ZUR UMSETZUNG?

„Sie war eine wirkliche Perle, ..."

... das hört die Handwerkerinnenagentur PERLE aus Hamburg (www.perle-hh.de) nicht selten bei den Nachbetreuungen der Aufträge ihrer Kundinnen und Kunden: Die Agentur PERLE vermittelt qualifizierte Handwerkerinnen/Handwerker aus 40 Gewerken.

Egal, ob es um Renovierungen, Reparaturen, Umbauten oder individuelle Einzelstücke geht — die erste Handwerkerinnenagentur Deutschlands kümmert sich seit Dezember 1999 darum. Sie vermittelt in der Elbestadt und kooperiert dabei mit Frauen und deren Betrieben von A wie Architektur bis Z wie Zimmerei. Die Kooperationsfirmen sind alle selbstständige Unternehmer/-innen. Die Resonanz ist positiv — auch, weil der Service stimmt: Garantiert qualifizierte Facharbeit, genau auf das Anliegen der Kunden/Kundinnen zugeschnitten. Innerhalb von 24 Stunden erhalten die Kunden/Kundinnen den Anruf einer passenden Handwerkerin. Pünktliches Erscheinen, termingerechtes und qualitativ gutes Arbeiten haben für die Agentur Priorität, ebenso wie das saubere Hinterlassen der Arbeitsstelle. Die Vermittlung ist für die Klienten kostenlos, die Betriebe zahlen eine Einstiegsgebühr und einen monatlichen Beitrag.

Drahtzieherinnen der PERLE sind Annette Albinus und Astrid Bah, selbst gelernte Tischlerinnen. Die Idee für die Agentur entstand zum einen durch die häufig sehr positive Resonanz von Kundinnen über ihre Arbeit und ihr Auftreten. Zum anderen kam die Erkenntnis, dass es in Hamburg viele qualifizierte Handwerkerinnen gibt, die jedoch nicht miteinander vernetzt sind und somit keine gemeinsame öffentliche Präsenz haben. Hinzu kam, dass die Agenturbetreiberinnen Kinder bekamen und immer deutlicher wurde: Es gibt im Handwerk zu wenig Strukturen für Frauen mit Kindern! Die Initiatorinnen wollen damit zeigen: Frauen sind im Handwerk keine Seltenheit — es ist nur schwer, sie zu finden. Das ändert die Agentur und ist damit offensichtlich in eine Markt-

lücke gestoßen, denn Kundinnen und Kunden schienen darauf gewartet zu haben.

„Wir hatten schon immer mit Handwerkerinnen gute Erfahrungen gemacht", erzählt Linda Schlüter, Inhaberin des Hotels Hanseatin und des Cafés Endlich. „Handwerkerinnen sind zuverlässig, arbeiten gut und zügig."

Speziell die Auftraggeberinnen trauen sich weiblichen Handwerkern gegenüber eher, Wünsche zu formulieren. Das Gespräch von Frau zu Frau ist ungezwungener. Die Kundinnen fühlen sich in der Vergangenheit oft nicht verstanden. *„Ich nehme die Leute mit ihren Wünschen sehr ernst, höre genau hin und gestalte die Arbeit flexibel. Gute Kommunikation in der Dienstleistung finde ich besonders wichtig. Ich glaube, wir Frauen haben es da von Natur aus leichter als Männer"*, sagt Klempnermeisterin K. Buzilowski aus Hamburg. Doris Petersen, die sich bei Handwerksarbeiten auch an die PERLE wendet, sieht das ähnlich. *„Ich weiß dann, dass ich es mit einer Frau zu tun bekomme. Ich finde, mit Frauen herrscht ein angenehmerer Umgangston und sie verstehen besser, was ich will."*

Und es muss auch nicht immer der Großauftrag sein, der an Land gezogen wird. Tischlerin Birgit Forner hat sogar *„manchmal den Eindruck, dass die Leute gar nicht erst andere Tischlereien fragen, weil sie vermuten, dass die nur umfangreichere Aufträge annehmen"*. Anfragen von Bremen bis Gütersloh geben der PERLE Recht: Der Bedarf ist groß. Bei Aufträgen, die mehrere Gewerke benötigen, bietet die Handwerkerinnenagentur PERLE den Kundinnen und Kunden eine Baukoordinierung an. Sehr wichtig ist der Agentur die Nachbetreuung. Die Kunden werden anschließend angerufen und gefragt, ob alles zur Zufriedenheit verlaufen ist. In Fällen von Unzufriedenheit oder Unstimmigkeiten steht die Agentur stets als Schlichterin zur Verfügung. Die Befragten fühlen, dass sich jemand wirklich um ihre Belange kümmert, und sind begeistert.

Thomas Huber

4 Fragen zum Mega-Trend: Aufmerksamkeitsökonomie

Was ist eigentlich Aufmerksamkeitsökonomie?

Die Bürger der westlichen Welt haben alles, außer Zeit. Immer ist man in Eile, nichts kann man in Ruhe zu Ende bringen – schnell, schnell zum nächsten Punkt. Folglich wird es immer schwieriger, ihre Aufmerksamkeit zu erreichen. Denn letztlich dreht es sich hierbei um die einfache Frage: *„Wie schaffe ich es, dass die Kunden mir überhaupt zuhören?"* Der Kampf um Aufmerksamkeit ist brutal. Durchschnittlich strömen auf jeden Deutschen täglich rund 3.000 Werbebotschaften ein und jeder Bürger kann täglich zwischen 2.000 Zeitschriften und 27 Fernsehprogrammen wählen. Jede Woche kommen 1.500 Bücher auf den Markt. Es ist leicht nachzuvollziehen, dass es nicht einfach ist, in diesem „Trommelfeuer" Gehör zu finden.

Was steckt dahinter?

Information ist nicht gleich Wissen. Diese Erkenntnis wurde spätestens seit dem Aufkommen des Internets für jeden offensichtlich. Wissenserzeugung braucht Verdichtung, erfordert Mühe und ist aufwendig, Information ist ein wuchernder Rohstoff. Gerade deshalb wird beim Übergang in die Wissensgesellschaft nichts entscheidender sein als der Umgang mit der Ressource Aufmerksamkeit. Aus diesem Grund prägten die Autoren Davenport und Beck für die Wirtschaft der Zukunft den Begriff der „Attention Economy"*, also der „Aufmerksamkeitsökonomie". Nur wer es schafft, mit der Aufmerksamkeit der Kunden sparsam, zielgerichtet und nachhaltig umzugehen, wird fit sein für den „Kampf um den Platz im Kopf der Konsumenten".

Welche Auswirkungen hat der Trend?

Die Aufmerksamkeitsökonomie erfordert vor allem ein Umdenken in Bezug auf die Kundenansprache. Noch mehr Wurfsendungen, mehr Kleinanzeigen, noch mehr vom Gleichen braucht eigentlich niemand – und nimmt vor allem niemand mehr richtig wahr. Sich zu unterscheiden wird wichtiger denn je. Das kann durch die Wahl der Kommunikationskanals sein, durch die Aufbereitung der Inhalte, die vermittelt werden, oder durch das Angebot. Nur anders muss es sein, sonst wird das Angebot nicht mehr wahrgenommen.

Wie stabil ist der Trend?

Der Umgang mit dem unendlichen Informationsfluss wird im Laufe der Jahre sicherlich zu einer Kulturtechnik werden. Bis es soweit ist, werden die Konsumenten allerdings noch eine ganze Zeit lang in der Informationsflut „versinken". Wer sie dort abholt mit spezifischen, maßgeschneiderten und klar aufbereiteten Inhalten, der eröffnet sich einen interessanten Kundenstamm.

*Davenport/Beck: The Attention Economy, Harvard Business School Press

Dr. Bernd W. Dornach

WELCHE FOLGEN HAT DER TREND FÜR DAS HANDWERK?

Das Ringen um Aufmerksamkeit sollte von zahlreichen Handwerksunternehmern verstärkt in Angriff genommen werden. Bislang wartet der Handwerker auf eine Anforderung von außen, die ihn dann zu mehr oder weniger schnellem Handeln veranlasst. Dabei geht es längst nicht mehr um das „Angebot ohne Anfrage".

Gefragt ist jetzt die Attraktion, um überhaupt erst ins Gespräch zu kommen.

Diejenigen Handwerker, die in Werbefragen eher unerfahrenen sind, müssen nun gleich mehrere Treppenstufen der Werbewirkung überwinden. Der aktive Einstieg in das Geschäft muss sich in der ersten Stufe von der späteren Problemlösung lösen und um Aufmerksamkeit, Interesse und Wünsche „buhlen". Die Devise in der Aufmerksamkeitsökonomie lautet: „Wer nicht auffällt, fällt weg!"

WELCHE CHANCEN ERGEBEN SICH FÜR DAS HANDWERK?

Die **„8-A-Regel"** hat schon vielen Handwerkern das Umdenken erleichtert: **A**ußergewöhnlich, **a**ttraktiv, **a**ngenehm, **a**uffallend **a**nders **a**ls **a**lle **A**nderen. Die Aufmerksamkeitsökonomie bringt das auf den Punkt, was im Ursprung ohnehin der Fall war. Jeder Handwerker ist und bleibt ein Individuum, ein Unikat. Die Aufgabe besteht darin, aus einer klaren Analyse der besonderen Fähigkeiten – wie im Sport – spezielle Höchstleistungen (die Marketingleute sprechen gerne von Kernkompetenzen) zu generieren. Dieser „Nr.-1-Anspruch" erfordert dann meist nur noch eine geschickte, kreative Verpak-

kung, um sich in die Gedankenwelt der potenziellen Kunden einschleichen zu können. Wenn dies künftig dem Handwerker nicht gelingt, werden auch weiterhin andere „Türsteher" den Zugang zur Kaufkraft blockieren: Versicherer, Reiseveranstalter, Autoverkäufer, Möbelhäuser u. v. a. mehr.

Noch dazu hat die konsequent durchdachte Alleinstellung einen immensen Vorteil: Was nicht vergleichbar ist, kann auch nicht sofort über den (günstigeren) Preis ausgetauscht werden!

WELCHE RISIKEN SIND ZU BERÜCKSICHTIGEN?

Die Unabdingbarkeit einer kreativen Alleinstellung als Grundlage zukünftiger Geschäfte ist verknüpft mit besonderen Gefahren.

So sind viele, meist spontan in der Euphorie entwickelten Ideen der Profilierung oft nicht zu Ende gedacht. Gute Alleinstellungen haben nur dann marktrelevanten Wert, wenn die Umsetzung in allen Einzelheiten auch langfristig vorausgedacht ist und das Produkt letztlich auch zu einer adäquaten Preis-Leistungs-Relation offeriert werden kann.

Dabei ist häufig erforderlich, dass die – für den Kunden als flexibel und individuell identifizierbaren – Lösungen hinter den Kulissen perfekt vorbereitet und hoch standardisiert sein müssen.

Ein weiteres grundlegendes Risiko soll nicht unerwähnt bleiben: Nicht selten wird aufgrund einschlägiger Erfahrung heraus, manchmal auch im Perfektionswahn, an den Wünschen und den Bedürfnissen der Kunden vorbeigedacht. Was nützt schließlich die tollste Idee, wenn Kunden kein echtes Interesse daran haben und ihre wirklichen Probleme damit lösen können?

WELCHES KONKRETE BEISPIEL GIBT ES ZUR UMSETZUNG?

Projekt „Blau in der Kirche"

Einmal im Jahr lädt Dieter Rottler vom Malerbetrieb Roland Geiger in Karlsruhe seine Kunden, Fachleute und Interessierte zu seinem bereits seit 5 Jahren etablierten Malerevent ein.

Veranstaltungsort ist eine ehemalige neuapostolische Kirche. Der jedes Jahr gut besuchte Event wird alljährlich bereits langfristig vorher über die Internetseite (www.maler-rottler.de) sowie über den eigenen Internet-Newsletter anmoderiert.

Im Jahre 2004 steht das „Projekt Blau" im Mittelpunkt (2003 „Violett", 2002 „Rot ist die Liebe", 2001 „Orange" und 2000 „Gelb"). Auszüge aus dem Programm am 9. Oktober zeigen, dass Dieter Rottler mit seiner Kernkompetenz Farbe durchaus kreativ umzugehen weiß:

Dr. Nicolai Worm
„Ist der Verzicht auf Wein ein Risikofaktor für unsere Gesundheit?"
Dr. Nicolai Worm ist u. a. Mitglied des wissenschaftlichen Beirates der Deutschen Weinakademie in Mainz und vertritt Deutschland in der Expertengruppe „Ernährung und Wein" beim Office International de la Vigne et du Vin (OIV) in Paris.

Dr. Wolfgang Michalke-Leicht
„Blau – Farbe des Himmels"
Ein Vortrag über die Bedeutung der Farbe im Christentum. Der Referent, u. a. für die Katholische Hochschulgemeinde in Karlsruhe tätig, durchleuchtet den christlichen Glauben nach seinen farblichen Hintergründen.

Dr. Wolfgang Setzler
„Die Farbe Blau – Inspiration von Indigo bis blaumachen"
Dr. Wolfgang Setzler, Leiter des Instituts für Absatzforschung und kundenorientiertes Marketing und seit 33 Jahren Kenner der Farbszene, nimmt die Farbe Blau in all ihren Facetten unter die Lupe.

Thomas Huber

5 FRAGEN ZUM MEGA-TREND: LEBENSQUALITÄTSMÄRKTE

WAS SIND EIGENTLICH LEBENSQUALITÄTSMÄRKTE?

Beim großen Trend hin zu den Lebensqualitätsmärkten* dreht es sich um die Wiederentdeckung der Werte als einem Grundprinzip unserer Wirtschaft. In der Gesellschaft ist der Trend schon seit einiger Zeit zu beobachten. Der Phase des ungebremsten Hedonismus, also dem Ausleben des Egos ohne Rücksicht auf Verluste, folgt nun in immer weiteren Kreisen die Suche nach einem neuen Konsens. Lebensqualität hat hierbei gute Chancen, zu einem der Schlüsselbegriffe der kommenden Jahre zu werden. In der Wirtschaft wird dieser Mega-Trend die Wertschöpfungskette dramatisch verändern.

WAS STECKT DAHINTER?

In einer schrumpfenden Gesellschaft mit weitgehend gesättigten Bedürfnissen richten die Konsumenten ihren Blick immer mehr auf Verbesserung und Verfeinerung. Die Menschen wollen nicht mehr vom Gleichen, sie wollen andere, bessere Dinge – Angebote, die mehr Wert haben, mehr Lebensqualität mit sich bringen. Der unsichtbare Mehrwert der Dinge wird zum immer entscheidenderen Faktor: Sicherheit, Schönheit, Klarheit. Solche Werte gehören in diesen Bereich ebenso wie Verlässlichkeit, gutes Gewissen, Respekt und Sinn.

WELCHE AUSWIRKUNGEN HAT DER TREND?

Das Entstehen der Lebensqualitätsmärkte zeigt sich in einer Reihe von Konsumenten-Trends, wie sie im Folgenden auch in diesem Buch zu finden sind. Die Hauptanforderung, die der Trend an Unternehmer stellt, ist, die unternehmerische Tätigkeit auf Basis immaterieller Werte neu zu ordnen. Den Kunden also beispielsweise nicht mehr nur ein Dach anzubieten, sondern Geborgenheit; nicht mehr nur die Wartung, sondern Sicherheit; nicht mehr nur ein Angebot zu Rationalisierung, sondern mehr Eigenzeit. Das erfordert ein Umdenken in der Art, wie man den Kunden anspricht und was man ihm anbietet. Es schafft dadurch aber große Potenziale zur Erweiterung des Geschäftsfeldes, denn Geborgenheit bedeutet eben mehr, als nur das dichte Dach über dem Kopf zu haben.

WIE STABIL IST DER TREND?

Das Vakuum an Orientierung, das durch die Individualisierung der Gesellschaft entstanden ist und in dem wir zwar unendlich viele Möglichkeiten haben – aber keine Richtschnur mehr, wie wir sie nutzen sollen – gibt der Suche nach Werten enormen Auftrieb. Werte schaffen Orientierung. Und ein Wert wie Lebensqualität verbindet den Individualismus (den wir ja nicht ablegen wollen) mit dem größeren Ganzen: Zur Lebensqualität gehört eben auch ein intaktes soziales Netz, die Möglichkeit, eine Familie zu gründen und einen Sinn in seiner Arbeit zu finden.

*Vergleiche die Studie: Lebensqualitätsmärkte von Dr. Andreas Giger, Zukunftsinstitut 2004

Dr. Bernd W. Dornach

WELCHE FOLGEN HAT DER TREND FÜR DAS HANDWERK?

Dieser Trend hat auch unser Projekt „Faszination Handwerk – eine Auslese der Besten" geprägt. Vordergründig geht es dabei um eine Dokumentation von Handwerksbetrieben mit herausragender/geprüfter Kundenorientierung. Inhaltlich haben diese Betriebe allerdings viel mehr Hausaufgaben gemacht. So sind diese Betriebe beispielsweise in der Regel spezialisiert auf echte „Mehrwert-

dienste". Das bedeutet, dass rund um die eigentliche Problemlösung spezifische Serviceleistungen angekoppelt werden, die in der Summe das positive Gesamterlebnis Handwerk ausmachen.

Die Vision dieses Projektes bringt die zentrale Idee auf einen Nenner: „Ein guter Handwerker bringt ein Stück Lebensqualität."

WELCHE CHANCEN ERGEBEN SICH FÜR DAS HANDWERK?

Die wichtigste Aufgabe des Projektes „Faszination Handwerk" besteht im Nachweis der konsequenten Alleinstellung. Jeder mit dem Symbol der Schleife ausgezeichnete Betrieb verfügt damit über einen echten Wettbewerbsvorteil, der darüber hinaus kollektiv in der überregionalen Gruppe aller eingetragenen Schleifenbetriebe aktiv vermarktet wird.

Nach unseren Erfahrungen handelt es sich bei den eingetragenen Betrieben zunehmend mehr auch um eine „verschworene Gemeinschaft", die in der Tat ihre Geschäfte auf Basis immaterieller Werte (man könnte auch sagen einer neuen, auf hoher Kundenbegeisterung ausgelegten Geschäftsgrundlage) begründen.

Verständlich, dass an derartigen Handwerksbetrieben die gesamte Wertschöpfungskette (also insbesondere die Lieferanten und Fachgroßhändler, aber auch Planer und Systemanbieter) besonderes Interesse zur engagierten Zusammenarbeit besitzt.

Der Handwerksbetrieb erhält dabei die Aufgabe, die gesamte Wertschöpfungskette im Sinne seiner Kunden zu organisieren. Der Handwerksbetrieb rückt damit in den strategischen Mittelpunkt, um Lebensqualität erst zu ermöglichen.

WELCHE RISIKEN SIND ZU BERÜCKSICHTIGEN?

Das Hauptproblem dieses Mega-Trends liegt weniger in der Stabilität auf der Kundenseite, sondern in der konsequenten Strategieausrichtung auf Seiten der Handwerksbetriebe. Viele Handwerker leben selbst (in ihrer Familie, in ihrem persönlichen Umfeld, in ihrem Betrieb, bei ihren Mitarbeitern) diese Lebensqualität noch nicht genug vor. Dementsprechend leidet häufig die Glaubwürdigkeit in der Umsetzung.

Hinzu kommt die mangelnde Konsequenz bei der Zielgruppendefinition. Im Verbund mit Problemen bei der Durchsetzung entsprechender Preisniveaus bleiben ganzheitliche und auf Dauer angelegte Servicestrategien leider häufig auf der Strecke.

WELCHES KONKRETE BEISPIEL GIBT ES ZUR UMSETZUNG?

Gläserne Garage für einen Superstar

Für eines der teuersten Serienautos aller Zeiten, den Maybach von Daimler-Chrysler, hat ein Metallbaubetrieb aus Steinsberg in Rheinland-Pfalz die Bühne für den ersten öffentlichen Auftritt des automobilen Superstars gebaut. Daimler-Chrysler geht mit dem Luxusmobil, das nach Jahrzehnten die Geschichte der Traditionsmarke Maybach fortsetzen soll, neue technische und gestalterische Wege – sowohl in der Entwicklung, der Herstellung, der Positionierung und der Vermarktung.

Die „Macher" des Autokonzerns hatten ein drehbuchreifes Szenario entworfen: Schließlich musste es ein besonderer Augenblick sein, in dem sich der Vorhang für die weltbedeutende Automobilität hob.

Damit aus den Ideen Wirklichkeit wurde, hat die Mannschaft um Metallbauer Friedrich Ahlgrimm in Steinsberg (Rhein-Lahn-Kreis) tagelang rund um die Uhr gearbeitet. Der Auftrag: ein gläserner Sarkophag, in dem der Maybach von Europa in die USA gebracht werden sollte – zu Wasser und in der Luft. Eine durchsichtige Garage aus Metall und Glas, vollgepackt mit Elektronik und Leuchtstoffröhren.

Ein James-Bond-Film hätte nicht einfallsreicher sein können. Im Hafen von Southhampton in England wurde das fast drei Tonnen schwere Luxusauto in den gläsernen Container gefahren. Ein Schwimmkran platzierte die wertvolle Fracht mit viel Spektakel auf dem Oberdeck des Luxusdampfers „Queen Elisabeth 2". Fest vertäut trat die ungewöhnliche Schiffsladung ihre Reise nach Amerika an.

Fünf Tage später erlebte das Auto im New Yorker Hafen einen typisch amerikanischen Auftritt. Ahlgrimms Leute hatten die gläserne Garage eine Stunde vor dem Einlaufen für einen Rundflug über der Stadt vorbereitet. *„Ein riesiger Hubschrauber hat den Container vom Schiff in die Stadt geflogen. Unten wurde ein riesiges Banner ausgerollt, auf dem* die Ankunft des neuen Maybach weit lesbar verkündet wurde", schildert Handwerksmeister Ahlgrimm die „Regieanweisungen".

Der Landeplatz des ungewöhnlichen Rundfluges war der Haupteingang des weltbekannten Luxushotels „Walldorf Astoria". Nachdem die Räder des Maybachs erstmals amerikanischen Boden berührt hatten, fuhr das teure Luxusmobil an den Platz, an dem viel Geld im Spiel ist: mitten aufs Börsenparkett an der Wall Street.

„Die Umsetzung der architektonischen und konstruktiven Visionen der Eventplaner, das Erahnen der gewünschten Präsentationseffekte in einen Konsens mit Statik und Machbarkeit zu bringen, ist der Kern unserer Kooperation mit den Geschäftspartnern aus Frankfurt." Die Konzerne lassen in Steinsberg riesige, oft viele Tonnen schwere Messestände bauen – ob für die CeBIT oder den Pariser Automobilsalon. *„Kein Auftrag ist wie der andere. Wenn es um Werbung oder um Präsentationen geht, wirkt nichts Abschreckender als ein Aufguss vom letzten Jahr",* sagt Friedrich Ahlgrimm.

Der Unternehmer ist Manager und Handwerker in einem. Seine 25 Mitarbeiter sind aufeinander eingespielt. Zu Ahlgrimms „bunter Truppe" zählen mehrere Meister, darunter Schreiner, Schlosser, Heizungsbauer, Maurer, Elektriker und Feinmechaniker. Projekte wie das jüngste sorgen für eine Menge Spaß, verlangen den Handwerkern aber auch einiges ab: Wenig Freizeit und viel Arbeit, Überraschungen aller Art inklusive. *„Mitten im Bau der Maybach-Garage kam die Nachricht aus den USA, dass der Hubschrauber nur acht Tonnen heben kann – damit waren wir zu schwer."* Computer berechneten neue Statiken, schnell fanden Ahlgrimms erfahrene Leute die Lösung für die Aufhängung am Unterboden. Damit konnte die obere Traverse leichter gebaut werden. Perfekte Arbeit für eine perfekte Inszenierung, auf die Beine gestellt durch Handwerker in einem kleinen Ort im Taunus.

Thomas Huber

4 Fragen zum Mega-Trend: High Touch

Was ist eigentlich High Touch?

Was bietet man jemandem an, der alles hat? Nicht noch mehr, sondern etwas Besseres. Darum geht es bei High Touch: um Dinge und Leistungen, die den Menschen sinnlich-emotional berühren, ihn begeistern, ihn im Inneren berühren. Angebote, die der Kunde lieben lernt, anstatt sie nüchtern abzuwägen.

Was steckt dahinter?

High Touch dreht sich im Wesen um Emotionalisierung, um die Revolte der Menschen gegen die immer abstraktere und virtuelle Welt, in der nüchterne Zahlenkolonnen alles zu erklären scheinen. High Touch, wie es Naisbitt* definierte, ist vor allem als Reaktion auf die High-Tech-Euphorie des späten 20. Jahrhunderts zu erklären. Wir wollen nicht, dass die Technologie unser Leben übernimmt, wir suchen nach dem Gefühl der Nähe, nach Bindung statt Black Boxes. Direkter Kontakt, menschliche Gesprächspartner, echte Gefühle, all das sind Elemente, mit denen High-Touch-Angebote erfolgreich sind. Das betrifft nicht nur die Art des Kundenkontakts und der Gestaltung von Werbematerial, sondern ist auch ablesbar in den Produkten oder der Begeisterung, mit der jemand sein Handwerk ausführt. In einer Welt der Austauschbarkeit wird Emotion zu einem verkaufsfördernden Unterscheidungsmerkmal, das über kalte Professionalität profitieren kann.

Welche Auswirkungen hat der Trend?

In beinahe allen Branchen finden sich mittlerweile Elemente von High Touch. Und wo sie noch nicht sichtbar sind, da sind sie zumindest vorstellbar. Zu unterscheiden sind mehrere Bereiche: Menschliche Triebe und Grundsehnsüchte, abzulesen etwa an der Zunahme erotisch behafteter Services und Angebote, aber auch dem Verlangen nach Transzendenz, wie es sich in der Renaissance der Spiritualität und ihrer Vermarktung zeigt. Kulturell vermittelte Bedürfnisse, etwa der boomende Markt an Heimtierservices, an Life-Assistance-Angeboten oder der immer größer werdende Erlebnis- und Ereignismarkt.

Wie stabil ist der Trend?

Das Unbehagen an der nahezu vollständig rationalisierten Welt, in der vermeintlich nur noch die kalten Zahlen regieren, die von Bürokratie gezeichnet und von unheimlichen Maschinen gesteuert wird, ist riesengroß. So lange hier nicht grundlegend andere, dem menschlichen Wesen besser angepasste Vermittlungsformen gefunden werden, bleibt der Mega-Trend High Touch stark.

*John Naisbitt: High Tech – High Touch, Signum Business, Wien, Hamburg

Dr. Bernd W. Dornach

WELCHE FOLGEN HAT DER TREND FÜR DAS HANDWERK?

Der Mega-Trend High Touch wurde von meinem Institut bereits in den 80er Jahren unter dem Begriff „Teddybärisierung" in Seminaren und Veröffentlichungen aufgenommen. Der Teddy, der als Trend-Beweis gleichzeitig als Spielzeug und Werbeartikel eine lang anhaltende Renaissance erlebt, wurde dabei zum Symbol für die „Kuschelfähigkeit" des Handwerkers.

Der Handwerker übernimmt dabei die Rolle des einfühlsamen und tröstenden Ansprechpartners, der auf Basis einer sensiblen Ermittlung der menschlichen Defizite konkrete Problemlösungen im Umfeld seines Gewerkes übernimmt.

Als Kontrapart zur sonst zunehmenden emotionalen Kälte im Privat- und Geschäftsleben scheint ein bestimmter Typ Mensch aus dem Bereich Handwerker dafür besonders geeignet zu sein. Umfragen meines Institutes belegen langfristig, dass es sich bei diesem Segment um den absoluten Lieblings-Trend der Handwerker selbst handelt. Auch bei Kunden stoßen entsprechende Mentalitäten der Vaterrolle, des Zuhörenkönnens, der liebevollen Aufmerksamkeit auf starkes Gehör (oder besser Seelen).

WELCHE CHANCEN ERGEBEN SICH FÜR DAS HANDWERK?

Zuverlässig wird das Handwerk zu den letzten Domänen gehören, in denen noch Menschen mit Menschen zusammenarbeiten. Aus diesem einfach nachvollziehbaren Sachverhalt ergibt sich eine Fülle von teddybärisierten Handlungsalternativen.

Die Produkte, die der Kunde lieben lernt, bevölkern sein komplettes Wohn- und Arbeitsumfeld: der Lieblingsstuhl, das Lieblingsimmer, die Lieblings-Computermarke, der Lieblings-Telefonpartner, das Lieblings-Auto. Man denke hier nur an den sensationellen Erfolg des neuen BMW Mini, der auch in den Vermarktungsstrategien konsequent teddybärisiert ist.

Viel wichtiger als das Produkt und die emotionale Aufladung ist aber der menschliche Kontakt um das Produkt herum. Aus jedem Verkaufs- oder Servicevorgang wird ein emotionaler Prozess des sich gegenseitigen Mögens, Aufpassens und Wohlfühlens.

Deshalb wird sich gerade auch im Handwerk eine deutliche Steigerung der Bedeutung von produktbegleitenden Events und Inszenierungen ergeben.

WELCHE RISIKEN SIND ZU BERÜCKSICHTIGEN?

Wie bei vielen anderen logisch nachvollziehbaren, persönlich erlebbaren und deshalb schnell glaubwürdigen Trends, besteht gerade beim Mega-Trend High Touch die Gefahr der nicht vermarkteten Selbstverständlichkeit.

Die dabei oft zu hörende Formulierung *„Das machen wir ohnehin!"* läuft Gefahr, bei den Zielgruppen des Handwerks nur oberflächlich und nicht als konkreter Wettbewerbsvorteil mit geldwertem Vorteil wahrgenommen zu werden.

WELCHES KONKRETE BEISPIEL GIBT ES ZUR UMSETZUNG?

Service, bitte!

Das hier dargestellte Beispiel kommt ausnahmsweise nicht aus dem Handwerk, aber es gibt Hinweise darauf, wie sich perfekter Service zur herausragenden Einmaligkeit entwickeln kann (www.slh.com/thalassa/).

In der neuen Thalasso-Hotelanlage auf der Insel Zypern an der Coral Bay nahe Pathos empfängt den Besucher unaufgeregte Ruhe. Statt einem üblichen Heer mehr oder weniger beflissen wirkender Hotelmitarbeiter an der Rezeption, im Restaurant oder dem Zimmerservice kümmert sich ausschließlich jeweils eine junge Frau oder ein junger Mann um alles – und zwar ganz individuell.

Marc Aeberhard, der Hotelmanager aus der Schweiz, erläutert die Strategie wie folgt: *„Sie lernen Ihren Betreuer, wir nennen sie oder ihn Butler, bereits am Flughafen kennen. Dort wird der Gast in Empfang genommen, für die gesamte Dauer seines Urlaubs rund um die Uhr umsorgt und am Ende des Aufenthalts auch wieder zurück zur Abflughalle gebracht."*

Touristen, die die Betreuung besonders zu schätzen wissen und sich nicht allein gelassen fühlen möchten, sind im Thalassa bestens aufgehoben. Das Gepäck wird in den Schränken verstaut, Ausflüge werden organisiert und begleitet oder der Butler fungiert als „Caddie" auf einem der nahe gelegenen Golfplätze. Der Butler serviert das Frühstück, bedient beim Mittag- oder Abendessen und ist dabei, wenn man lieber eine Spritztour mit Picknick unternehmen will oder mit dem Butler als Fremdenführer nur diejenigen Ausflugsziele ansteuert, die einen wirklich interessieren.

Ganz nebenbei ist an diesem mythenreichen Ort auch noch Aphrodite als Schaumgeborene dem Meer entstiegen. Und die Legende behauptet, dass derjenige, der zwischen den Aphrodite-Felsen hindurchschwimmt, zehn Jahre jünger werden soll. Diese Garantie werden vermutlich auch Handwerker schwerlich einlösen können – aber die Idee von einem Ansprechpartner, der sich wirklich um „Alles aus einer Hand" kümmert, ist so abwegig nicht!

Thomas Huber

4 FRAGEN ZUM MEGA-TREND: DIE NEUE ARBEITSWELT

WAS IST EIGENTLICH DIE NEUE ARBEITSWELT?

Auch wenn man es heute kaum glauben mag: In Zukunft werden Arbeitskräfte knapp in Deutschland – die Bevölkerung schrumpft und die Lebensarbeitszeit nimmt in allen OECD-Staaten ab. Dazu kommt eine eher abnehmende Loyalität von Mitarbeiter gegenüber „ihrer" Firma. Wer über besondere Qualifikation(en) verfügt, wechselt heute schneller seinen Job oder macht sich selbstständig. Stichworte wie Work-Life-Balance, also das Gefühl nach einer vernünftigen Verteilung von Arbeit und Freizeit, werden den Umgang mit Mitarbeitern in den kommenden Jahren bestimmen. Mit dieser Entwicklung müssen sich auch Handwerksbetriebe in Zukunft verstärkt auseinander setzen.

WAS STECKT DAHINTER?

Die Flexibilisierung der Arbeitswelt ist ein oft beschriebenes Phänomen: Immer kürzer werden die Zeiten, die man bei ein und demselben Arbeitgeber verbringt. Im Jahre 1970 blieben laut McKinsey fast 60 % der Mitarbeiter mehr als sechs Jahre beim ersten Arbeitgeber, 1993 waren es nur noch 23 %. Immer seltener gibt es die „klassischen" festen Arbeitsverhältnisse (eine Studie des Zukunftsinstituts prognostiziert einen Rückgang der klassischen Festanstellung von rund 80 % der Arbeitsverhältnisse 1980 auf rund 50 % im Jahre 2010). Freiberufliche, projektorientierte, Zweit- und Teilzeitjobs sowie Fördermaßnahmen und Zeitarbeit nehmen stattdessen zu. Fluktuationskosten werden in den hoch entwickelten Ökonomien der Wissensgesellschaft zu einem gravierenden Rentabilitätsrisiko.

WELCHE AUSWIRKUNGEN HAT DER TREND?

Auch im Bereich der Handwerksunternehmen hat man es zunehmend mit Mitarbeitern zu tun, die sehr komplexe Partnerschaften in sehr differenzierten Lebenslagen vorweisen. Die Anforderungen der Kunden und des Marktes fordern zugleich immer mehr kreative und kommunikative Arbeit (siehe auch Mega-Trend „Feminisierung"), die aber durch Zeitdruck und schnelle Veränderung gekennzeichnet ist. Um diesen Anforderungen gerecht zu werden, braucht das Unternehmen engagierte und stressfähige Mitarbeiter. Diese Mitarbeiter gilt es, im Betrieb zu halten. Unternehmen brauchen daher gegenüber ihren Mitarbeitern einen visionären Ansatz, eine klar erkennbar und vor allem auch gelebte Unternehmensphilosophie sowie eine echte, ernst gemeinte Substanz.

WIE STABIL IST DER TREND?

Die Flexibilisierung der Arbeitswelt ist nicht aufzuhalten. Einerseits, weil sich Betriebe schneller dem wechselnden wirtschaftlichen Umfeld einer globalisierten Wirtschaft anpassen müssen. Andererseits, weil in einer individualisierten Gesellschaft die Bereitschaft der Individuen zu Veränderung wächst. Gerade die jüngere Generation begreift Veränderung immer stärker als Chance und weniger als Bedrohung. Der erfolgreiche Umgang mit Mitarbeitern und Freiberuflern der Zukunft wird stark von der Möglichkeit der Unternehmen abhängen, individualisierte Arbeitsumfelder zu schaffen.

Dr. Bernd W. Dornach

WELCHE FOLGEN HAT DER TREND FÜR DAS HANDWERK?

Nach diversen Untersuchungen liegt gerade im Handwerk die „innere Kündigungsquote" sowohl bei Mitarbeitern als auch Geschäftsinhabern mittlerweile besonders hoch. Hinzu kommt der Wunsch vieler Handwerkergesellen, sich selbstständig zu machen. Auch die jüngst von der Bundesregierung umgesetzte Liberalisierung des Handwerkerrechts bzw. der erleichterten Zulassungsvoraussetzungen zur Existenzgründung wird viele Mitarbeiter (zumindest gedanklich) auf den Plan rufen. Auch die niedrigeren Lohnniveaus im Handwerk und die nach wie vor hohe Selbstverständlichkeit der Schwarzarbeit unterstützen nicht gerade stabile Arbeitsverhältnisse.

Gleichzeitig steigen die Ansprüche an die Mitarbeiter im Handwerk sowohl technologisch, faktisch als auch bezüglich der weichen Werte im serviceorientierten Umgang mit Kunden überproportional.

WELCHE CHANCEN ERGEBEN SICH FÜR DAS HANDWERK?

Gerade im Umfeld der allgemein zunehmenden Orientierungslosigkeit im Verbund mit den Verweigerungshaltungen dem „großen Unbekannten" gegenüber kann das Handwerk für viele Mitarbeiter zu neuer Attraktivität erwachsen. Dies ganz speziell dann, wenn es gelingt, durch die Bearbeitung von modernen Marktnischen und innovativen Zielgruppen die Imagetrendwende hin zur Zukunftsfähigkeit anzusteuern und dem Faktor „Mensch" den adäquaten Stellenwert einzuräumen.

Das vorliegende Werk soll auch dazu dienen, Mitarbeiter im Handwerk von der „neuen Arbeitswelt" profitieren zu lassen. Klar positionierte Firmen mit herausragender Kundenzufriedenheit und profitablen Geschäftsideen geben jedem Mitarbeiter den nötigen Halt. Konkrete Integrations- und Weiterentwicklungsmöglichkeiten sowie ein Maximum an persönlicher Freiheit zur Umsetzung der persönlichen Ideale motivieren und federn die allfälligen Abstürze ab.

WELCHE RISIKEN SIND ZU BERÜCKSICHTIGEN?

Die zuletzt genannte Kombination aus „Heimat und Freiheit" bleibt auch in Zukunft eine Herausforderung. Es wird noch geraume Zeit in Anspruch nehmen, bis die dazu erforderlichen neuen Führungsstile und Führungspersönlichkeiten im Handwerk Einzug halten.

Hauptprobleme können hierfür auftretende Stressfaktoren des Alltags, eine übervorsichtige Strategiebereitschaft sowie die mangelhafte Information der Mitarbeiter über die zentralen Ziele des Unternehmens sein. Durch neue flexible Strukturen werden die Managementanforderungen im Handwerk drastisch steigen.

Die schnell fortschreitende Wissensvergrößerung wird auch im Handwerk in jedem einzelnen Betrieb schon bald zu professionellem Wissensmanagement führen müssen. Dabei ist zu klären, wie das Wissen um Betriebsführung und Kundenbearbeitung für den „Fall der Fälle" (Krankheit, Fluktuation, Insolvenzen etc.) bei den richtigen Zielpersonen oder entsprechenden externen Beratern verfügbar ist.

WELCHES KONKRETE BEISPIEL GIBT ES ZUR UMSETZUNG?

Beim „Grünen" werden die Lehrlinge geschliffen, ... zu Brillanten!
Große Klappe, viel dahinter!

Das österreichische „grüne" Paradepferd der Malerbranche weiß um die Wichtigkeit des Faktors Mensch im Dienstleistungsprozess. Der Mensch und seine Fähigkeit, moderne Technologie nutzbringend anzuwenden, genießt beim „Grünen" (www.dergruene.at) absolute Priorität. Jährlich werden 5 % in die Aus- und Weiterbildung der jungen Facharbeiter investiert.

Und das aus gutem Grund: Der Stellenwert der Technologie im Maler-Berufsalltag wird zunehmend größer. Immer mehr Routinearbeiten werden nicht mehr vom Menschen ausgeführt. Der Marktwert der Mehrfachqualifizierten steigt somit rapide. An den Facharbeiter werden immer höhere Berufsanforderungen gestellt, das Geschäftsleben zu meistern. Eigenschaften wie Kommunikations- und Kooperationsbereitschaft sind die Schlüsselqualifikationen der nächsten Jahre. Die gegenwärtig stattfindenden Veränderungsprozesse und das hohe Anforderungsprofil des Malerberufs hat das alte Berufsbild überholt. Der „Grüne" hat sich dieser anspruchsvollen Aufgabenstellung erfolgreich gestellt.

Jugendliche in Österreich wissen beispielsweise genau, was im Laufe einer Lehrlingsausbildung beim „Grünen" auf dem Programm steht: Ausbildung nach einem eigens im Unternehmen entwickelten, gemäß den heutigen Verhältnissen angepassten Berufsbild, übermittelt von langjährigen und erfahrenen und speziell geschulten Lehrlingsausbildern. Das richtungweisende und auf den neuesten Kenntnissen und Technologien basierende Ausbildungsprogramm ermöglicht ein hohes Maß an persönlicher Entwicklungsfähigkeit durch frühzeitige Übertragung verantwortungsvoller Aufgaben. Im Ausbildungsbetrieb „Grünen" werden die jungen Auszubildenden zu Brillanten geschliffen. Fachlehrer aus der Berufsschule unterrichten zusätzlich die Lehrlinge im eigenen Schulungszentrum, speziell auf die betrieblichen Gegebenheiten abgestimmt. Kurt Micheluzzi ist überzeugt, dass junge, zukunftsorientierte Menschen dabei Verantwortung tragen, Leistung bringen und Erfolg haben wollen.

Mit System gegen die Leere in der Lehre! Während viele Betriebe über akuten Lehrlingsmangel klagen, stehen beim „Grünen" jugendliche Ausbildungswillige Schlange: Alljährlich bewerben sich 60 bis 70 Mädchen und Jungen um einen Ausbildungsplatz und drei „grüne" Overalls, die hausgemachten Facharbeiternachwuchs garantieren.

In die Qualität der Ausbildung zu investieren, machte sich dabei in vielerlei Hinsicht bezahlt: Auf den eigenen Nachwuchs ist ganz einfach Verlass! Nach drei Jahren sind die jungen Mitarbeiter nicht nur fachliche Könner. Sie wissen auch ganz genau, worauf es ankommt, wie man mit Kunden umgeht und was jeder Einzelne im Betrieb für das Unternehmen einbringen kann!

Thomas Huber

WELLNESS PLUS

5 FRAGEN ZUM TREND:

WAS IST EIGENTLICH WELLNESS PLUS?

Wellness plus ist mehr als nur Wellness. Denn hinter dem Etikett Wellness, das heute auf Joghurts ebenso klebt wie es Hotels, Bücher und Biersorten schmückt, verbirgt sich ein tieferes Bedürfnis: der stetig stärker werdende Wunsch der Menschen, die individuell passende Balance und den richtigen Energiezustand für ihr Leben zu finden und diesen Zustand aktiv durch ihr Verhalten herbeizuführen.

WAS STECKT DAHINTER?

Die Menschen leben immer länger – und wollen diese Lebensspanne gesünder und aktiver als früher erleben, gerade auch im Ruhestand. Der Körper und das eigene Befinden stehen somit im Zentrum der Überlegungen. Alles, was dem Körper gut tut und mehr Kontrolle über den eigenen Zustand bringt, ist erstrebenswert. Denn das moderne Leben mit seinen vielen Rollenanforderungen ist kompliziert genug: Der moderne Mensch verlangt von sich Erfolg im Beruf, ein sinnvolles soziales Umfeld, ein erfülltes Familienleben, eine sportliche Figur, gesunde Ernährung und Spaß durch eine Vielzahl von Freizeitbeschäftigungen. All diese Rollen befriedigend auszufüllen, setzt die Menschen einem gewaltigen Stress aus – Stress, der den Wunsch nach einem Leben im Gleichgewicht fördert. Ausgleich, Mäßigung, Regeneration sind die Stichworte für diese Konsumgruppe.

WIE ERKENNE ICH WELLNESS-PLUS-KONSUMENTEN?

Wellness-Konsumenten interessieren sich vor allem für eines: ihr Wohlbefinden. Sie wählen sehr genau aus und sind sehr kritisch mit allem, was ihnen real oder vermeintlich schaden könnte. Für Angebote im großen Feld der persönlichen Gesundheit sind sie bereit, durchaus tief in die Tasche zu greifen. Ernährung, Kosmetik und Wohnumfeld sind bevorzugte Konsumbereiche. Viele Wellness-Konsumenten haben zudem einen Hang zum esoterischen und scheuen zurück vor allem, was nach Hektik und zusätzlicher, vor allem körperlicher Anstrengung aussieht.

WIE GROSS IST DIE ZIELGRUPPE?

Gemäß einer aktuellen Umfrage* des Zukunftsinstituts lassen sich rund 11 Prozent der Bundesbürger, das sind 7,17 Millionen Menschen, unter die Anhänger von Wellness plus rechnen. Die Anhängerschaft reicht dabei quer durch alle Einkommensschichten, mit einem leichten Übergewicht in den mittleren Einkomensschichten.

WIE STABIL IST DER TREND?

Wellness plus ist ein Trend, der von Wohlstand, der damit verbundenen Freizeit und einer alternden Gesellschaft getragen wird. Insofern ist nicht mit einer Abschwächung in den kommenden Jahren zu rechnen. Der Drang nach einem verfeinerten und kulturell angehauchten Verbesserungskonsum wird mit dem Aufkommen der Lebensqualitätsmärkte eher noch zunehmen.

*Quelle: Zukunftsinstitut/TNS Emnid 2004: „Der Freizeitmensch von morgen"

Dr. Bernd W. Dornach

WELCHE FOLGEN HAT DER TREND FÜR DAS HANDWERK?

Während der Wellness-Trend in allen anderen relevanten Branchen entweder bereits inflationiert oder systematisch weiterentwickelt wird (Wellness plus), hat das dafür in Frage kommende Handwerk bisher eher vorsichtig auf diesen gigantischen Markt reagiert. Aufgrund der schnell wachsenden Potenziale und der geringen Handwerkerrepräsentation ist sogar zu erwarten, dass sich zunehmend Montagegruppen der Industrie und handwerksfremde Dienstleister diesen Markt professionell erschließen.

Wellness plus ist ein Beispiel dafür, das die Kompetenz der beratenden Dienstleistung häufig wichtiger ist als die nachfolgende Umsetzung. Der boomende Markt erfordert daher profundes Hintergrundwissen über die sich schnell verändernden Wellness-Themenkomplexe.

Ein gewaltiger Treiber für den Wellness-Trend sind die Wellness-Hotels. Einerseits besteht gerade im deutschen Markt ein großer und ständiger Nachrüstbereich – ohne Wellness-Einrichtung sind viele alte Hotelkapazitäten nur noch sehr schlecht zu vermieten. Andererseits sind die Gäste der Wellness-Hotels häufig prädestinierte Handwerkerkunden für die Umrüstung, Modernisierung und den Ausbau ihres eigenen Zuhauses.

WELCHE CHANCEN ERGEBEN SICH FÜR DAS HANDWERK?

Die Chancen stehen gut, dass bei Wellness plus endlich auch die Beratungsleistungen im Handwerk (sofern profund) gesondert honoriert werden. Deshalb sollte alles getan werden, um diesen Prozessbestandteil der individuellen Beratung im Rahmen der gesamten Kundenbetreuung schnellstmöglich aufzuwerten.

Dabei sind Kontakte zu Physiotherapeuten, Fitness-Coaches und Anti-Aging-Ärzten überaus wichtig. Der „fortgeschrittene" Wellness-Kunde (die richtige Bezeichnung wäre Wellness-Patient) benötigt von seiner individuellen „Eingangskontrolle" über das Coaching seiner geeignetsten Wellness-Anwendungen bis hin zur Typ- und Einrichtungsberatung ein schier unerschöpfliches Beratungsangebot. Da die relevanten handwerklichen Umsetzungsbereiche zunehmend mehr technologisch/innovativ anspruchsvoll sind, empfiehlt sich eine entsprechende Spezialisierung sowie die Zusammenarbeit mit anderen Gewerken.

Wichtiger Tipp: Gönnen Sie sich zusammen mit Partnern/der Partnerin ein Wochenende in einem der Top-Wellness-Hotels und erleben Sie so hautnah, wovon Ihre Kunden träumen.

WELCHE RISIKEN SIND ZU BERÜCKSICHTIGEN?

Wellness plus ist aufgrund des hohen gesellschaftlichen Interesses als Prestigemarkt geeignet und steht deshalb als Gesprächsthema sehr hoch im Kurs. Achten Sie deshalb auf jeden Fall auf gesteuerte positive Mundpropaganda, momentan überwiegen leider noch eher negative Meldungen. Stärker als in anderen Bereichen ist im Wellness-plus-Bereich die dauerhafte, aktive Kundenbetreuung erforderlich (Lieferung von Verbrauchsmaterial, Reinigungsservice, Software-Updates, Erweiterungen aufgrund neuer medizinischer Indikationen u. v. m.).

Welches konkrete Beispiel gibt es zur Umsetzung?

Wellness Box: In nur einer Woche eine private Wohlfühloase

Platz ist sprichwörtlich in der kleinsten Hütte. Bei der neuesten „Erfindung" aus dem Hause Holz Bau Weiz aus St. Ruprecht kommt dazu noch ein gehöriges Stück Wohlbefinden. Denn die Schöpfer des Heradomo-Hauses haben mit der Wellness Box (www.wellnessbox.at bzw. www.lieb.at) ein besonders raffiniertes Produkt auf den Markt gebracht.

Dabei handelt es sich um das kleinste Fertighaus Österreichs mit kompletter Sauna- und Relaxausstattung. Der Traum von der eigenen Wellness-Oase im Garten kann somit leicht Wirklichkeit werden.

Die Wellness-Box von Holz Bau Weiz wird fix und fertig geliefert. Sie ist ausgestattet mit einer hochwertigen mikroprozessorgesteuerten Klafs-Komfortsauna, Kreativ- und Erlebnisdusche mit Schwalleimer und Kneippfußbecken sowie einem Relax- und Wohlfühlraum inklusive Multi-Musik-Center u. v. m. Ob im eigenen Garten oder als kleiner Service für Hotelgäste, die Wellness Box ist sicherlich ein attraktives Freizeitangebot von Holz Bau Weiz.

Jeder Kunde kann das Wohlfühlzentrum nach seinen ganz persönlichen Geschmack gestalten. Ob mit einem zusätzlichen Ruheraum oder als fröhliches Kommunikationszentrum für Freunde und Gäste.

Diese innovative Idee liegt voll im Trend und widmet sich allen, die ihre Freizeit, die kurzen Auszeiten aus dem Alltag, mit mehr Lebensfreude und mehr Abwechslung füllen wollen. Es ist eine Wohlfühloase, die viel größer ist, als sie auf den ersten Blick erscheinen mag. Hier kann jeder neue Kraft tanken, allein, zu zweit oder mit der ganzen Familie. In der Wohlfühl-Box kann man sich ausspannen und sich fallen lassen. Hier leben Freundschaften neu auf.

Viele Hoteliers stellen ihren Gästen diese Wohlfühl-Oase mit großem Erfolg zur Verfügung. Denn die Gäste haben in diesem Refugium Freude und kommen gerne wieder.

Thomas Huber

5 Fragen zum Trend:

RETRO

Was ist eigentlich Retro?

„Früher war alles besser!" – plump ausgedrückt, dreht sich Retro um diese Einstellung. Dabei geht es nicht um die Frage, ob diese Aussage im Einzelnen wirklich stimmt, sondern um das Gefühl, dass die Welt früher irgendwie übersichtlicher war. Im Retro-Trend mischen sich Kindheitserinnerungen, Sehnsucht nach der „guten alten Zeit" und der Frust, dass heute alles so komplex und kurzlebig ist.

Was steckt dahinter?

Unsere Umwelt ändert sich schnell – zu schnell für viele Mitmenschen. Retro spricht den Wunsch nach stabilen Verhältnissen an, nach Orientierung und Halt in einem Umfeld, das als zu turbulent und unsicher wahrgenommen wird. Was heute gelernt wird, ist morgen schon überholt; was man heute weiß, gilt morgen nichts mehr. Retro-Angebote bauen auf dieser Verunsicherung auf und vermitteln Sicherheit durch Dinge, die stabil bleiben, die ihren Wert behalten und deren Funktion auch morgen noch nachvollziehbar ist. Retro-Produkte sind das Gegenteil von neuen, innovativen Produkten: Sie sind bewährt, vertraut, verständlich. Was aber nicht heißt, dass sie altmodisch oder veraltet sein müssen, denn sie können durchaus in neuester Technik auftreten – nur bieten sie dem Kunden Kontinuität, sei es optisch, in der Funktionalität oder sei es durch ihre Langlebigkeit.

Wie erkenne ich Retro-Konsumenten?

Retro-Konsumenten sind konservativ. Sie lieben Qualität, Klassiker und Bewährtes. Sie hassen Experimente. Erneuern und Überarbeiten ist ihnen lieber als Wegwerfen und Austauschen. Was sich noch nicht bewährt hat, ist ihnen suspekt. Sie schätzen Referenzen, Erfolgsbeispiele und Standards. Sie sind nicht kreativ und nicht mutig, das Urteil anderer ist ihnen sehr wichtig – mit einem Klassiker liegt man da immer richtig. Retro-Kunden brauchen große Namen und bewährte Marken.

Wie gross ist die Zielgruppe?

Die Retro-Konsumenten gehören zur größten Konsumentengruppe, auch wenn bisher keine direkten, verlässlichen Zahlenangaben zur Zielgruppengröße vorhanden sind.

Wie stabil ist der Trend?

Das Veränderungstempo unserer Gesellschaft bleibt auch in den kommenden Jahren hoch. Zudem realisieren immer mehr „Baby Boomer", also die Generation der geburtenstarken Jahrgänge, dass sie nun die Mitte des Lebens hinter sich gelassen haben und beginnen, immer häufiger zurückzublicken. In einer schnell alternden Gesellschaft wie unserem Land fehlen zudem die üblichen Konfrontationen durch eine „revoltierende" Jugend. Heute behaupten gerade noch 15 % der unter 30-Jährigen, dass sie „ganz andere Wertvorstellungen" hätten als ihre Eltern. Das sichert dem Retro-Trend eine lange Lebensdauer, auch weil es keine „Stildiktate" mehr gibt, wie sie früher üblich waren (vergleiche hierzu den Trend „Individualismus"). Retro ist ein starker, stabiler Trend für mindestens weitere 8 Jahre.

Dr. Bernd W. Dornach

WELCHE FOLGEN HAT DER TREND FÜR DAS HANDWERK?

Der Retro-Trend liegt durchaus im Bereich der Lieblingsszenarien der Handwerker, wenngleich viele Betriebsinhaber entsprechende „Gehversuche" – häufig ausgelöst durch aufwendig gefertigte, aber unverkäufliche „Meisterstücke" – frustriert wieder eingestellt haben. Fakt ist, dass der Trend bei den Betrieben, die sich strategisch langfristig darauf spezialisieren, hohe Umsatz- und vor allem Ertragspotenziale ermöglicht. Was Retro ist, kann von Haus aus in der Imageanmutung schon nicht „billig" sein. Als Vorbild für die gesamte Branche ist sowohl vom Marketingkonzept als auch von der Tragweite des Sortiments her „Manufactum" (www.manufactum.de) anzusehen. Nach meiner Beurteilung gehören insbesondere die Artikelbeschreibungen und Mailings dieses Unternehmens zu den perfektesten Textleistungen, die momentan zu lesen sind. Die Texte begründen erst den Wert des Sortiments, erzählen kleine Geschichten mit emotionalem Tiefgang und machen im Tenor eine absolut überzeugende Lust auf den Besitz dauerhafter Produkte – zumindest lernt man systematisch, dass „weniger" sehr häufig „mehr" bedeuten kann.

WELCHE CHANCEN ERGEBEN SICH FÜR DAS HANDWERK?

Aufgrund der Stärke des Retro-Trends stehen die Chancen gut, dass sich früher eher belächelte Nostalgiker strategisch etablieren können. Dabei geht es nicht unbedingt um traditionelle Fertigungsverfahren, sondern vielmehr um wirklich glaubhafte, authentische Produkte mit entsprechenden Vermarktungssystemen, die die Kunden dieses Trend-Umfeldes erwarten.

Einer der wichtigsten Treiber für diesen Markt ist neben überlegener Produkt- und Anwendungsqualität auch die Nutzung ritualisierter Verkaufsförderungsmaßnahmen. Erfolgreiche Retro-Handwerker finden das geeignete Umfeld in denkmalgeschützten Gebäuden, der Industriekultur, auf hochwertigen Messen/Sammlermärkten, in der gehobenen Gastronomie etc.

Wenn das derartige Umfeld in der jeweiligen Region noch nicht da ist, dann muss es vom Retro-Handwerker geschaffen werden. Eigene Inszenierungen für die richtigen Zielpersonen sind besser als Präsenz in der Masse. Die besten Vermarktungsalternativen haben einen Hang zur zurückhaltenden, betonten Eleganz und gelten (ohne in Schönheit zu sterben) eher als Geheimtipp.

WELCHE RISIKEN SIND ZU BERÜCKSICHTIGEN?

Nicht überall wo Retro draufsteht, ist Retro drin! Der echte Retro-Handwerker hütet sich deshalb vor Patina-Effekten und billigem Toskana-Charm. Echte Retro-Kunden durchschauen Augenwischerei sehr schnell. Einige, unter dem Blickwinkel der aktuellen technischen und wirtschaftlichen Anforderungen völlig neu konzipierten Produkte zeigen, dass sich nicht alle alten Kultprodukte mit ihrer entsprechenden Aura zwangsläufig in die Neuzeit übertragen lassen.

WELCHES KONKRETE BEISPIEL GIBT ES ZUR UMSETZUNG?

Der Mineralische Edelkratzputz von weber broutin gilt unter Kennern als seit Generationen bekannter Fassadenputz, der über die Zeit hinweg nichts von seiner Attraktivität verloren hat. Mehr noch: das traditionelle, von weber broutin besonders sorgsam hergestellte Material mit ausschließlich natürlichen, rein mineralischen Rohstoffen, im Verbund mit dem handwerklich-künstlerischen Vorgang, dem Kratzen, gilt unter Insidern als der beste und schönste am Markt verfügbare Fassadenschutz. Nicht zu vergessen sind auch die Anwendung der einzigartigen Sgraffitotechnik, die exquisite Gestaltung mit der Listel-Putztechnik oder auch das Herstellen von Bossierungen.

Mineralischer Edelkratzputz hat allein schon vom Produkt her einen eindeutigen faktischen Mehrwert. Kein anderer Putz ist langlebiger und hat einen so geringen Wartungsaufwand. Durch seine offene mineralische Struktur ist er gegen Verschmutzung unanfällig.

Genauso bedeutend ist der emotionale Mehrwert. Als Zierde eines Hauses trägt er entscheidend zur Attraktivität und Schönheit einer Immobilie bei. So ist es möglich, durch farbige Körnungen oder durch den Einsatz des im Sonnenlicht glitzernden Minerals Glimmer, faszinierende Oberflächen zu gestalten.

Die Kunden von Mineralischem Edelkratzputz sind in der Regel Mitglieder der Lifestyle-Klientel, die sich durch besondere Ansprüche und spezielle Kommunikationsformen auszeichnen.

In der oben beschriebenen Szene gelten spezielle, ungeschriebene Gesetze, die es zu berücksichtigen gilt. Neben dem kompromisslosen Qualitätsbewusstsein ist vor allen Dingen der Kultstatus von besonderer Bedeutung.

Die marketingtechnische Ansprache erfolgt in der Regel eher zurückhaltend und leise, wenngleich dadurch das Attraktivitätsniveau und die persönliche Überzeugungskraft des Handwerkers erst recht gefordert sind.

Mineralischer Edelkratzputz muss bei der entsprechenden Klientel immer die optimale Alternative bzw. die Elitelösung sein. Dazu gilt es, alle Sinne anzusprechen. Bedingt durch den namensgebenden Vorgang – das Kratzen der Oberfläche – wird eine einzigartige Struktur erreicht, bei der die Körnung des Putzes offen an der Oberfläche liegt. Daher kann auf den Egalisationsanstrich und die zur Algen- und Pilzvorsorge erforderliche regelmäßige Nachbehandlung wie bei organisch gebundenen Putzen verzichtet werden. Die drei- bis vierfache Masse des Mineralischen Edelkratzputzes im Vergleich zu herkömmlichen Dünnschichtsystemen und das dadurch bedingt höhere Wärmespeichervermögen ist dabei ein gewichtiges Argument.

Erfolgreiche Verarbeiter von Mineralischem Edelkratzputz profilieren sich konsequent als Betrieb, der auf Kundenzufriedenheit orientiert ist und Erfahrungen mit hochwertigen Lösungen bei anspruchsvollen Zielgruppen hat.

Es ist besonders wichtig, auf die speziellen Schulungsmaßnahmen sowie die besonderen Erfahrungen mit Mineralischem Edelkratzputz zu verweisen. Denn nur ausgewählte Fachbetriebe, die spezielle Fertigkeiten beherrschen, können diese außergewöhnlich attraktive Fassadengestaltung bieten.

Von besonderer Bedeutung ist es auch, wenn sich Handwerker als Intensivverarbeiter erklären können und ihre persönliche Überzeugung in die Waagschale legen.

Es lohnt sich, systematisch geeignete Referenzobjekte aufzubauen, die sich sowohl von der Persönlichkeitsstruktur der Bauherren als auch von der besonderen Architektur und Lage dafür besonders eignen.

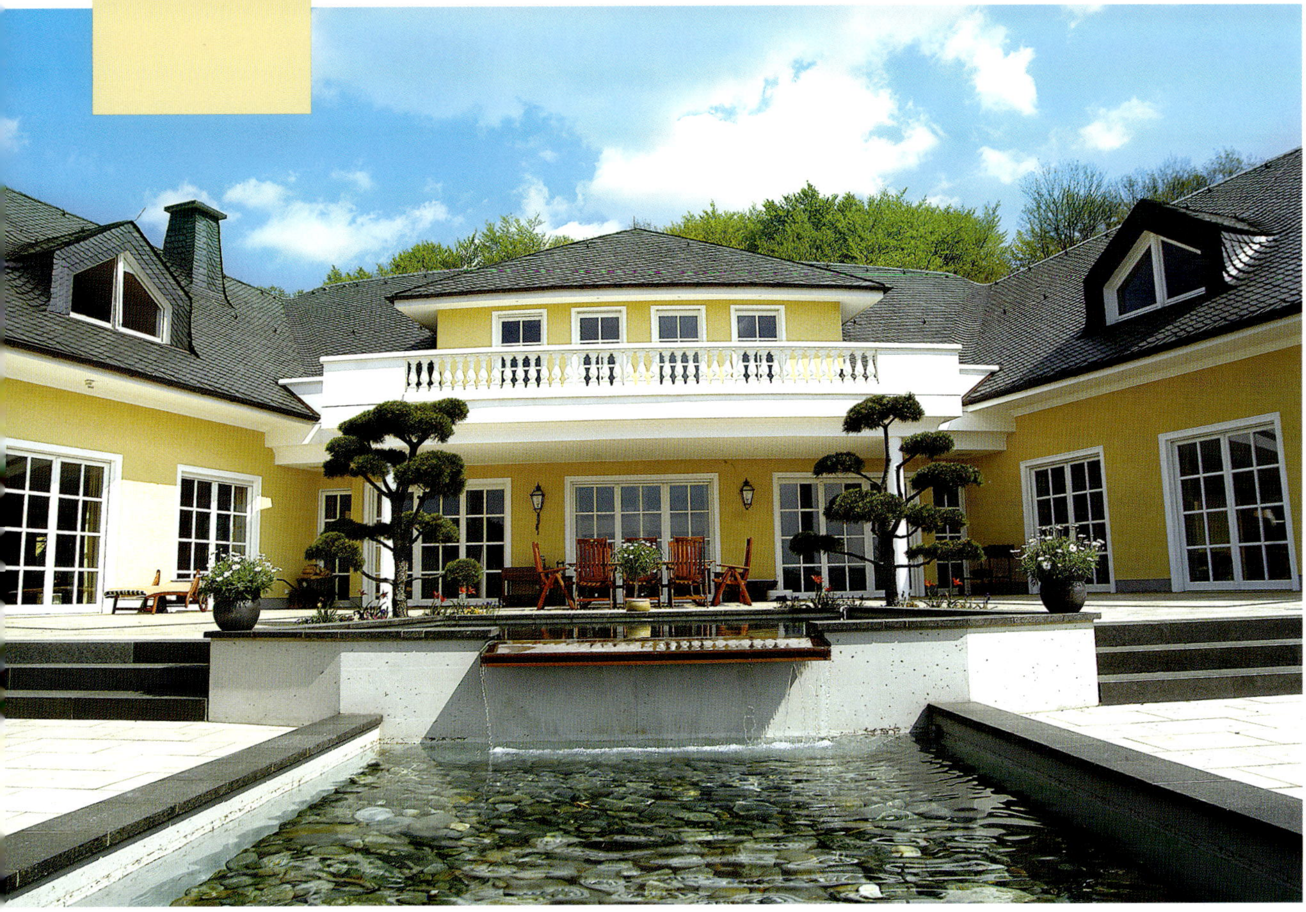

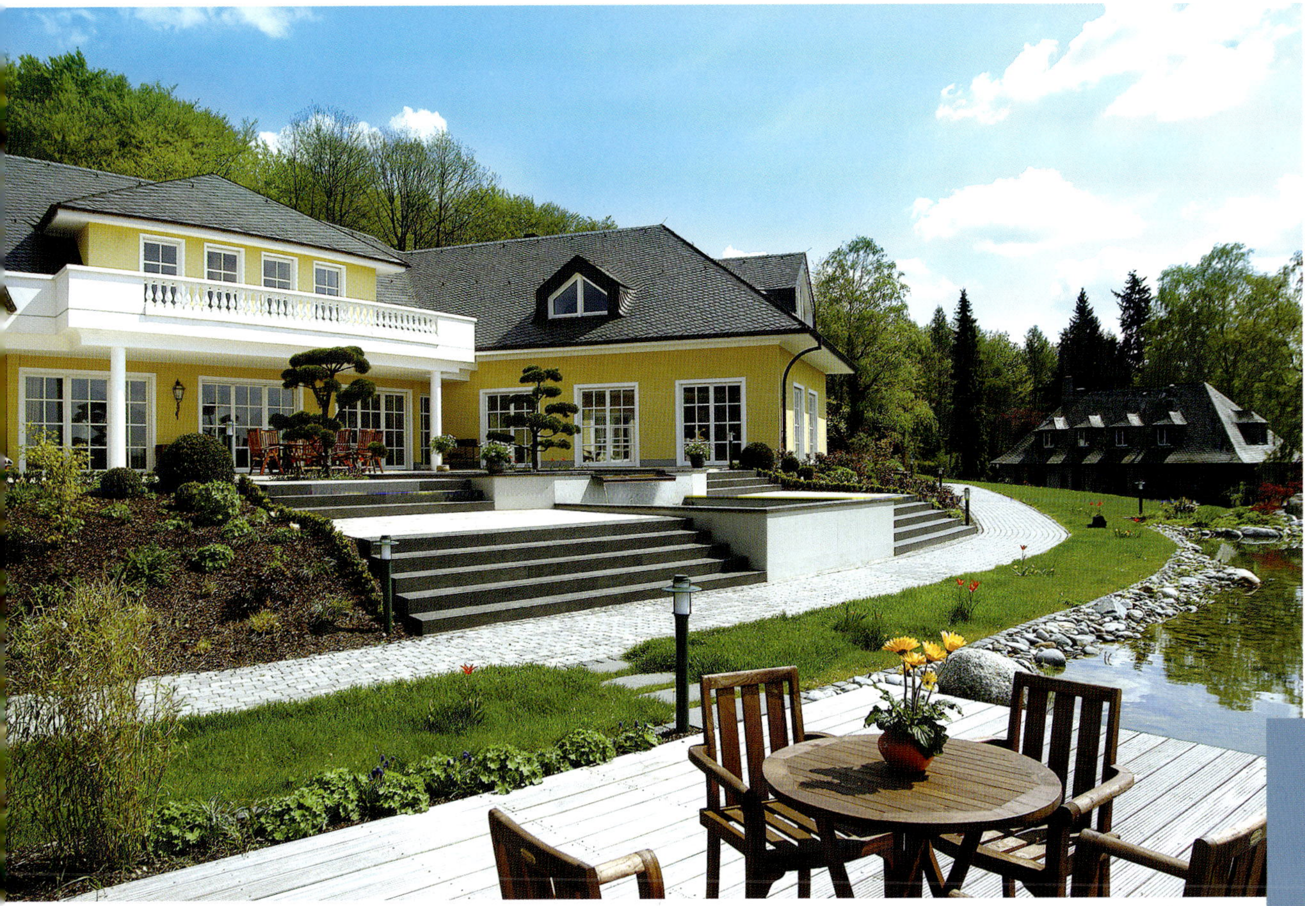

Thomas Huber

5 Fragen zum Trend: Wohlfühl-Konsum

Was ist eigentlich „Wohlfühl-Konsum"?

Das gute Gefühl, das Richtige zu tun, steht im Mittelpunkt der Entscheidungen dieser Konsumentengruppe. Konsumieren mit reinem Gewissen. Niemand verlangt mehr eine radikale Abkehr von der Marktwirtschaft, aber sie sollte sich gewissen moralischen Grundbegriffen unterordnen. Ausgewählter Genuss, nicht zwanghaft immer das Neueste. Diese Konsumentengruppe orientiert sich an Werten wie Gesundheit, Ethikfragen und ökologischer Sinnhaftigkeit.

Was steckt dahinter?

Charakteristisch ist die Frage nach dem Sinn als Aspekt der Kaufentscheidung. Politisch, ökologisch und sozial korrekte Konsumangebote können zur Verbesserung der Welt beitragen. Wohlfühl-Konsum oder Feel-Good-Consuming ist ein Trend für Sinnsucher und eher in der oberen Mittelschicht anzutreffen, die sich seit der Jahrtausendwende wieder verstärkt auf die Suche macht nach einem neuen gesellschaftlichen Konsens und einer moralischen Verbindlichkeit jenseits des harten Ego-Individualismus. Dahinter steckt der Wunsch nach dem Besten aus zwei Welten – einer gerechteren und saubereren Welt in Kombination mit den genussreichen Errungenschaften der modernen Konsumwelt.

Wie erkenne ich Wohlfühl-Konsumenten?

Feel-Good-Konsumenten sind sehr wissbegierig und ziemlich kritisch. Sie wollen nicht nur wissen, ob das Produkt nachhaltig ist, sondern auch, ob der Unternehmer sich moralisch anständig verhält. Sie sind ausgesprochen emotional und nehmen für sich in Anspruch, Dinge zu bewerten, die nach alter Lesart eigentlich nichts mit dem Angebot zu tun haben. Sie entscheiden Fallweise und bauen ihre Geschäftsbeziehung vor allem auf Vertrauen als Grundmaxime auf. Discount ist per se suspekt, regionale und lokale Produkte sind besser als globalisierte Anbieter. Das Bekenntnis zu Werten und klare Firmenphilosophien wird honoriert.

Wie gross ist die Zielgruppe?

3,21 Millionen Bürger oder 5 % fallen unter die Kategorie der Wohlfühl-Konsumenten. In der Regel sind die Konsumenten älter als 30 Jahre, gut situiert und tendenziell wertkonservativ. Unter den Jüngeren sind es vor allem die besser gebildeten, die dem aufgeklärten Moralkonsum anhängen. Diese Konsumgruppe ist der Inbegriff des kritischen Konsumenten, der aber am Ende bereit ist, auch einmal ein Drittel mehr für eine Leistung zu bezahlen.

Wie stabil ist der Trend?

Für die kommenden Jahre ist mit einem starken Wachstum dieses Trends zu rechnen, zumal mittlerweile auch die Angebote sehr stark zulegen. Auch sind die Angebote weniger kompliziert zu nutzen oder zu erhalten. Ökologisches Bewusstsein gehört in Zukunft zum standardisierten Bildungsgut und wird höchstens willentlich ignoriert.

Dr. Bernd W. Dornach

WELCHE FOLGEN HAT DER TREND FÜR DAS HANDWERK?

Dieser Trend klingt spontan als wenig relevant für das Handwerk, ist aber bei näherer Betrachtung sogar besonders handwerkskompatibel.

Generell sollte sich gerade das Handwerk in seiner aktuellen Identitätskrise (!) verstärkt mit der Sinnfrage beschäftigen. Dabei liegt der gedankliche Ansatz zugrunde, dass das Handwerk als gesamtwirtschaftlich abgrenzbares Gebilde spezielle gesellschaftliche Aufgaben hat.

In der nahe liegenden Form übernimmt dann beispielsweise das Nahrungsmittelhandwerk letztlich die Verantwortung für gesunde Ernährung. Oder die Baubranche wehrt sich gegen ökologisch unverant-wortliche Häuser oder nicht in die Landschaft passende Baustile. Oder der Schreiner/Tischler verweigert die Verarbeitung von Tropenholz. Die Liste lässt sich beliebig fortsetzen.

Basis einer entsprechenden Trend-Kompatibilität wird letztlich immer die persönliche Erkenntnissituation des Betriebsinhabers sein. Gerade im Vorgriff auf zukünftig zu erwartende, vermehrt gesetzliche Korsette sollte jeder Handwerker die folgenden Fragen klären: *„Wofür stehe ich?", „Welchen Beitrag leiste ich in der Gesellschaft?", „Was mache ich bewusst nicht?", „Worin besteht meine besondere Lebensaufgabe?"*

WELCHE CHANCEN ERGEBEN SICH FÜR DAS HANDWERK?

Wie bereits erwähnt, sind Wohlfühl-Konsumenten bereit, für eine Leistung auch einmal ein Drittel mehr zu bezahlen. Dies sollte viele (preisgebeutelte) Handwerker eigentlich hellhörig machen.

Die Beantwortung der Fragen am Schluss des vorherigen Abschnittes könnte sich also durchaus lohnen (die Beantwortung ist ohnehin zwingend für jedes erfolgsorientierte Unternehmen).

Wohlfühl-Konsumenten verlangen von ihrem (Geschäfts-)Partner klare Antworten und sind damit die Vorreiter für die breite Masse von Kunden, die bestimmte Handwerker morgen akzeptiert oder eben auch ablehnt. Unpositionierte Unternehmen werden sich schon bald nur noch sehr schwer am Markt halten können!

Zur Lösung dieser zugegeben schwierigen, aber existenziellen Aufgabe möchte ich Ihnen einen ganz konkreten, überaus wichtigen Tipp geben: Leben Sie Ihr Leben, statt gelebt zu werden! Schaffen Sie sich Ideale an oder besser noch Hobbys, die im Einklang mit aktuellen wirtschaftlichen und gesellschaftlichen Herausforderungen stehen! Treten Sie am besten nicht für die Masse, sondern für Minderheiten ein! Zeigen Sie Ihre Ideale deutlich und binden Sie Ihre Mitarbeiter ein! Ihre Mitarbeiter sind ein wichtiger Gradmesser dafür, ob Ihre Positionierung wirklich stimmt! Schreiben Sie das, wofür Sie stehen „auf Ihre Fahnen" und in jedes Angebot! Und achten Sie dann darauf, mit den richtigen Kunden zusammenzuarbeiten!

WELCHE RISIKEN SIND ZU BERÜCKSICHTIGEN?

Wohlfühl-Konsumenten sind (sehr) kritisch. Wenn Sie wirklich eindeutig Farbe bekennen, werden Sie auf bestimmte Kunden, bestimmte Lieferanten, bestimmte Lebenspartner verzichten (müssen).

Vermutlich liegt genau darin der Grund, weswegen viele Betriebsinhaber sich für diesen konsequenten Schritt nie richtig entscheiden. Dabei gibt es ohnehin schon sehr viele Handwerker, die für alle Kunden wenig bieten – statt für wenige Kunden alles (aus einer Hand). Ich kenne allerdings auch einige Handwerker, die sich die entscheidenden Fragen stellten, im Handwerk keine Zukunft mehr gesehen und ihren Betrieb aufgegeben haben – und bis heute nichts Besseres fanden.

WELCHES KONKRETE BEISPIEL GIBT ES ZUR UMSETZUNG?

Handwerker, Müller und Gastwirt in einer Person

Er lockt seine Klientel mit feinen Speisen und verkauft ihm ein Bad. Dieser SHK-Spezialist ist ein kreativer Autodidakt. Der schwarze Schlapphut ist sein Markenzeichen und auch sonst zeigt er gerne Profil.

Im kleinen Eifelstädchen Birgel hat Erwin Spohr Europas größtes Mühlencenter erschaffen. Mit jahrhundertealten Korn-, Öl-, Säge- und Senfmühlen; mit Steinofen-Backhaus, einem rustikalen Gourmetrestaurant, mit Festhalle und einer Sammlung alter Fachwerkhäuser, die er anderorts abgetragen, in Einzelteile zerlegt und dann auf dem 12.000 Quadratmeter großen Areal wieder aufgebaut hat. Der Ehrgeiz von Erwin Spohr besteht darin, alle Einrichtungen nicht nur zur Schau zu stellen, sondern auch funktionstüchtig zu halten. Die Besucher können beispielsweise über drei Etagen einen kompletten Mahlvorgang beobachten. Damit aber noch nicht genug: Erwin Spohr hat zwischenzeitlich sogar eine Brennerlizenz, um die hinzugekommene kleine Schnapsbrennerei auch betreiben zu dürfen. Wer länger bleiben will, kann hier sogar übernachten. Das Center vereint Erlebnis, Unterhaltung und Information zugleich.

Mit seinem Euro-Mühlen-Center (www.moulin.de) in der Eifel hat er wirklich einen Platz für die Sinne erschaffen. Hier gibt es nicht nur vom bloßen Hinschauen unendlich viel zu bestaunen. Wer die Mühle besucht, wird spüren, einen ganz besonderen Ort gefunden zu haben. Und den Namen Euro-Mühlen-Center hat Erwin Spohr sich übrigens beim deutschen Patentamt schützen lassen.

Entstanden ist dies alles, als Designer Erwin Spohr eine Geschäftsidee entwickeln wollte, die sich von anderen Bäderstudios gravierend absetzte. Er suchte 1995 für seinen Heizungs- und Sanitärbetrieb einerseits eine Marketingkonzeption, um Freizeit mit Arbeit bzw. schönen Badezimmern zu verbinden, und andererseits für seine exklusiven Badinterieurs für Architekten und anspruchsvolle Bauherrn aus aller Welt ungewöhnliche Präsentationsräume.

Das Euro-Mühlen-Center hat sich fest zum Touristen-Magneten etabliert und lockt viele Besucher an. Denn – davon ist Erwin Spohr überzeugt – auch diese brauchen Bäder.

Thomas Huber

5 FRAGEN ZUM TREND: NEUE NOMADEN

WAS SIND EIGENTLICH NEUE NOMADEN?

Neue Nomaden richten ihr Leben und ihr Konsumverhalten konsequent am Druck allgegenwärtiger Mobilität aus. Flexibel zu sein, alle Optionen offen zu halten und das persönliche Umfeld den häufig wechselnden Lebenssituationen anzupassen, ist für sie der wichtigste Antrieb. Feste Orte mit festen Regeln weichen einem Lebensstil im permanenten Übergang.

WAS STECKT DAHINTER?

Mobilität und Flexibilität sind Schlüsselbegriffe des modernen Arbeitslebens, ja der westlichen Gesellschaft insgesamt. Neue Nomaden deuten diese Anforderungen positiv als immer wieder neue Chancen, die sich ihnen durch Veränderungen eröffnen. Entsprechend richten sie sich ihr Leben ein. Alles, was schwer ist und immobil, ortsspezifisch oder verwachsen, fällt durch ihr Raster. Veränderbar, flexibel, leicht und modular sind ihre Kaufargumente – ob das nun für das Wohnkonzept, für das mobile Arbeitszimmer, das Heim oder die Dienstleistungen gilt. Alles kann morgen anderes sein, die Produkte und Angebote müssen diese Veränderung mittragen können. Oder besser noch: sie vereinfachen.

WIE ERKENNE ICH NEUE NOMADEN?

Langfristige Bindungen und Entscheidungen sind ihnen ein Gräuel, Spontaneität und die Beruhigung durch viele Optionen – auch wenn man diese vielleicht niemals braucht – entsprechen den wechselhaften Lebens- und Denkgewohnheiten der neuen Nomaden wesentlich besser. Rund-um-die-Uhr-Erreichbarkeit, Zugang über unterschiedliche Kanäle und Reaktionsschnelligkeit werden positiv honoriert. Der Umgang mit neuen Technologien sollte kein Fremdwort sein, denn diese Konsumgruppe steht Innovationen grundsätzlich aufgeschlossen gegenüber.

WIE GROSS IST DIE ZIELGRUPPE?

Nicht nur die klassischen Nomadenumfelder der Studenten, Berufseinsteiger oder -aufsteiger sind hier relevant – die Zielgruppe ist wesentlich umfangreicher, wie die Studie „Future Living" des Zukunftsinstituts ergab: Demnach leben in Deutschland immerhin 2,3 Millionen Menschen gleichzeitig in mindestens zwei Haushalten an verschiedenen Orten, was per se schon zu Mobilität zwingt. Multilokale Lebensweisen, wie sie in den USA schon viel üblicher sind, hinken in Europa noch etwas hinterher, sind aber auch hier auf dem Vormarsch.

WIE STABIL IST DER TREND?

Mobilität ist ein durchweg positiv besetzter Begriff, der in unserer arbeitsteiligen und immer stärker globalisierten Wirtschaft und Gesellschaft auch die kommenden Jahre dominant bleibt. Intelligente Konzepte für mobile Lebensweisen werden also auch in Zukunft ihren Markt finden.

Dr. Bernd W. Dornach

WELCHE FOLGEN HAT DER TREND FÜR DAS HANDWERK?

Mobilität und Sesshaftigkeit schließen sich, wie viele andere Trends, die in variablen Mischungen auftreten können, nicht grundsätzlich aus. Viele neue Nomaden wohnen und arbeiten an mehreren Standorten und „richten es sich dort entsprechend ein". Nicht selten nehmen sie dabei „ihren" Handwerker mit, sofern sie diesen in ihrem eher unsteten Leben schon ausgemacht haben. Auch der Handwerker selbst wird gut daran tun, sich selbst als Nomade zu verstehen und den besten Aufträgen, beispielsweise in den „Speckgürteln" der größeren Städte, hinterherzuziehen.

Einer der Hauptprobleme des wachsenden Anteils der neuen Nomaden ist allerdings die Tatsache, dass die klassischen Mund-zu-Mund-Propaganda-Kontakte, die im Handwerk häufig für stabile Akquisitionseffekte sorgten, deutlich seltener vorkommen.

Für beide Seiten, sowohl den Handwerker als auch den Kunden, wird es künftig schwieriger, einen professionellen Handwerker zu finden.

WELCHE CHANCEN ERGEBEN SICH FÜR DAS HANDWERK?

Die weiter wachsenden Kundenzielgruppen, die sich Mobilität und Flexibilität auf ihre Fahnen schreiben (müssen), benötigen professionelle Suchsysteme für differenzierte Qualitätsansprüche im Handwerk. Da diese Zielgruppe eher technologie- und innovationsverliebt ist, wird dort das Internet überproportionale Bedeutung haben. Eher einfach gehaltenere Internetauftritte ohne erkennbare Kerntätigkeitsbereiche und ohne echte Herausstellung von Zusatznutzensargumenten sind dann nur noch einen ganz schnellen Klick vom Wettbewerber entfernt. Gerade bei den aperiodischen, eher seltenen Handwerkerkontakten der neuen Nomaden gewinnen Qualitätsauszeichnungen und spezielle Zertifizierungen zunehmend an Bedeutung.

Die in USA bereits üblichen Begrüßungspakete am Zuzugsort werden bald auch bei uns für den Handwerker ein interessantes Marketinginstrument werden, das sich speziell für gewerkübergreifende Kooperationen besonders lohnt.

Dass bei den neuen Nomaden die Faktoren Schnelligkeit und Professionalität sehr wichtig sind, versteht sich genauso von selbst wie die Anforderung nach weitestgehender Mobilität der Einrichtungsgegenstände und Installationen.

WELCHE RISIKEN SIND ZU BERÜCKSICHTIGEN?

Trotz der erwähnten positiven Aspekte „mitziehender Handwerker" ist Bindung nicht gerade eine verlässliche Kompetente der neuen Nomaden. Der nur einmal vom neuen Nomaden beauftragte Handwerker wird für diese Klientel eher die Regel sein, speziell wenn das allgemeine Handwerkerimage weiterhin eher negativ geprägt ist („Handwerker? Nur in Notsituationen!").

Bei den neuen Nomaden erwartet den Handwerker deshalb in der Regel ein eher skeptischer Doppelverdiener, der extra wegen dem Handwerker einen Tag Urlaub nehmen musste, um „für den Handwerker da zu sein". Was dann nicht standardisiert abläuft, gilt unabhängig vom Arbeitsergebnis eher als Pfusch. Auch zum Bezahlen der Rechnung hat die Trendgruppe der neuen Nomaden eher ein gestörtes Verhältnis, speziell dann, wenn die Rechnung nicht überaus zeitnah gestellt wird, inhaltlich klar nachvollziehbar ist und kurzfristig eingeklagt wird. Da Weiterempfehlung ohnehin nicht vorgesehen ist und die nächste „Eroberungsstadt" für die neuen Nomaden schon wartet, müssen Handwerksbetriebe mit dieser Klientel ziemlich schnell und emotionslos den Auftrag samt Zahlung abwickeln.

WELCHES KONKRETE BEISPIEL GIBT ES ZUR UMSETZUNG?

Herr Hug – und sein Badezimmer zum Mitnehmen

Der Möbelwagen ist fast voll beladen, Umzugskartons stapeln sich bis unters Dach. Fehlt noch was? *„Ach ja, das Bad kommt auch noch mit!"*, ruft Wolfgang R. seinen befreundeten Helfern zu. Erstaunte Gesichter ringsum, aber nur eine gute halbe Stunde später ist das komplette Bad mit Dusche, WC, Waschbecken und Schränken sicher verstaut und die Reise an den neuen Wohnort kann beginnen. Fiktion? Nein, nur clever gedacht.

Dass Robert Hug aus Herrenberg (www.robert-hug.de) gute Einfälle hat – und die auch umsetzen kann, beweisen zahlreiche Auszeichnungen. Nach dem Prof.-Adalbert-Seifriz-Preis und dem Förderpreis „Innovatives Handwerk" erhielt er in München auf der Internationalen Handwerksmesse (IHM) den Bayerischen Staatspreis. Prämiert wurde seine jüngste Erfindung: WandoVario, das modulare Wandsystem. *„Bei einem Umzug nehmen die Leute alles mit. Ihr Wohnzimmer, ihr Schlafzimmer, ihr Kinderzimmer. Nur das Badezimmer bleibt zurück."* Und das hat der Tüftler endlich geändert.

Seine Badezimmereinrichtung ist ruckzuck demontiert und genauso schnell wieder aufgebaut. Von der Toilette über die Dusche, den Schminkschrank bis zur Badewanne und zum Waschtisch. Die Technik hat Herr Hug selbst entwickelt: *„Alle Teile werden an vorgefertigten, passgenauen Aluminiumprofilen einfach eingehängt."*

WandoVario ist Einrichten, Renovieren und Modernisieren auf einfachste und innovative Art. Und das alles ohne lästigen Schmutz und mit minimalem Zeitaufwand. Nervenaufreibende „Dauer-Baustellen" beim Renovieren eines Badezimmers kann man getrost vergessen. Mit WandoVario modernisieren bedeutet, sauber, schnell und dazu noch mit anspruchsvollem Design zu einem Wohlfühlbad zu kommen. Der Clou: Dem Nomaden-Trend entsprechend werden die Elemente des Bades bei einem Umzug einfach ausgehängt und im neuen Bad wieder eingehängt.

Das Funktionsprinzip von WandoVario ist einfach und genial zugleich. Ein in sich stabiler Rahmen aus Aluminiumprofilen ist der Träger für alle Funktions- und Gestaltungselemente. Der vorgefertigte Grundrahmen wird mit Dübelbefestigungen an der Wand angebracht und die übrigen Elemente sowie die Frontverkleidung werden dann nur noch eingehängt und fixiert. Fertig.

Dabei haben Schimmel und Sporen keine Chance: WandoVario zeichnet sich durch Hinterlüftung und beinahe silikonlose Montage aus. Werkseitig werden die Elemente weitgehend vormontiert und bestehende Anschlüsse eingeplant. So ist ein komplettes Bad in nur zwei Stunden gestylt. Bis der moderne Nomade weiterzieht und „sein" WandoVario-Bad abbaut, um es irgendwo anders genauso einfach wieder aufzubauen.

Thomas Huber

5 Fragen zum Trend: LEBENSASSISTENZ

Was ist eigentlich Lebensassistenz?

Das moderne Berufs- und Alltagsleben stellt eine Menge Anforderungen an uns: berufliche Reisen und Kurzurlaube, zeitintensive Hobbys wie Golf, Marathonlaufen oder Segeln, ein harmonisches Familienleben mit Kindern, ausgewogene Ernährung, die Instandhaltung des Einfamilienhauses und die Pflege des Gartens. Will man nicht freiwillig verzichten und vereinfachen, bleibt nur eine Lösung: Jemand anders muss sich um die Dinge kümmern, die notwendig, aber lästig sind. Jemand muss uns unterstützen, assistieren, eben Lebensassistenz in Form zeitgemäßer Dienstleistungen anbieten.

Was steckt dahinter?

Die meisten Bürger westlicher Gesellschaften haben ein Zeitproblem – sie wollen zu viele Dinge in ihr Leben packen. „Zeitsparende" Dienstleistungen werden daher – zunächst in den höheren Einkommensschichten – einen interessanten neuen Markt eröffnen. Heimdienstleistungen, Organisationsleistung in Form von Angeboten aus einer Hand, aber auch generell alles, was sich um Erhalt und Pflege des Eigentums dreht, wird in diesen Konzepten gute Chancen eröffnen.

Wie erkenne ich Lebensassistenz-Konsumenten?

Lebensassistenz-Konsumenten sind innovativen Ansätzen gegenüber äußerst aufgeschlossen, vor allem im Servicesektor. Vertrauen und Verlässlichkeit spielen für die Auswahl eines Anbieters allerdings die entscheidende Rolle, denn sie sind immer in Eile, „tanzen auf vielen Hochzeiten" und wünschen sich vor allem eines: Gute Betreuung, die ihnen das Gefühl gibt, freier über ihre Zeit verfügen zu können. Alles, was kompliziert ist und Zeit „frisst", fällt durch. Daher sind neue Technologien auch nur dann einsetzbar, wenn sie erprobt, verständlich und einfach sind. Insgesamt wird der „menschliche Faktor" deutlich aufgewertet und ist auch ein entsprechendes Aufgeld wert.

Wie gross ist die Zielgruppe?

Exakte Zahlen zu dieser Zielgruppe gibt es leider noch nicht, doch wächst der Dienstleistungssektor seit Jahren am schnellsten von allen Wirtschaftsbereichen. Dies ist ein Indiz für die wachsende Bedeutung von zeitsparenden Lösungen durch Dritte.

Wie stabil ist der Trend?

Die Kompliziertheit unserer Lebensumfelder mit ihren vielen unterschiedlichen Verpflichtungen, Tätigkeiten, Geräten und Lernanforderungen wird in den kommenden Jahren kaum geringer werden. Eine wachsende Gruppe von Menschen erkennt, dass Outsourcing von bestimmten Bereichen günstiger sein kann, als es selber zu machen – entweder finanziell, mit Sicherheit aber unter dem Gesichtspunkt der Lebensqualität. Die Leistungen werden auf der anderen Seite durch Bündelung und teilweise Standardisierung sehr viel günstiger werden. Diese beginnt sich schon heute abzuzeichnen. Damit werden diese Dienstleistungen für breitere Schichten interessant.

Dr. Bernd W. Dornach

WELCHE FOLGEN HAT DER TREND FÜR DAS HANDWERK?

Den Lebensassistenz-Trend zu verstehen, dürfte dem Handwerker eigentlich nicht schwer fallen. Mit der richtigen Einstellung ist ein sensibler, auf echte Kundenorientierung bedachter Handwerker eigentlich immer schon eine Serviceinstitution par exzellance. Die zentrale Aufgabe ist dementsprechend einfach definierbar: menschliche Dienstleistung im Verbund mit fachlichem Know-how.

WELCHE CHANCEN ERGEBEN SICH FÜR DAS HANDWERK?

Für die unausweichliche Notwendigkeit der Aufwertung des Serviceengagements gibt es die schon an früherer Stelle genannte einfache Formel: „Wer außer dem vergleichbaren Produkt nichts zu bieten hat, der muss über den Preis verkaufen und das kann teuer werden."

Service ist eine der zuverlässigsten Chancen im Handwerk, das menschliche Potenzial, ohne das Handwerk ohnehin schlecht vorstellbar ist, in die Waagschale zu werfen. Bereits die Basic-Service-Positionierung „Wir sind für Sie da!" kann sich bei konsequentem Weiterdenken zu einem richtigen Servicebündel rund um die Kerndienstleistung ausweiten. Ganz besonders dann, wenn ganzheitliche, kooperativ mit anderen Dienstleistern erbrachte Servicelösungen offeriert werden.

Der menschliche Service macht zwangsläufig jeden Handwerker zum Unikat. Jeder Auftritt, jedes Gespräch, jede Problemlösung und natürlich auch jede Langzeitbetreuung ergibt für den Kunden ein ganz individuelles Servicebündel.

Diese Serviceideen zu sehen, weiterzuentwickeln, in konkrete Angebote zu formen, aktiv anzubieten und in der Umsetzungsqualität zu kontrollieren und permanent zu perfektionieren gehört zu den ganz großen Aufgaben des Handwerks in den nächsten Jahren.

WELCHE RISIKEN SIND ZU BERÜCKSICHTIGEN?

Zu den größten Marketingrisiken der Angebote im Lebensassistenz-Bereich zählen, wie an früherer Stelle schon erwähnt, die „falschen" Zielgruppen. Gefahr droht dabei aus zwei Lagern.

Eine große Konsumentengruppe ist finanziell schlichtweg nicht (mehr) in der Lage oder – was eigentlich tragischer ist – emotional, gedanklich nicht bereit, für die durch Serviceleistungen ermöglichte Lebensqualität die erforderlichen Budgets aufzubringen. Eine zweite Gruppe sind diejenigen Zeit-genossen, die Service in monetarisierter Form zwar beanspruchen, aber den Servicedienstleister durch kleinliche Persönlichkeitsstrukturen (meist ausgelöst durch die eigenen Frustrationen) das Leben schwer machen.

Alle Lebensassistenz-Modelle funktionieren nur, wenn die richtigen Dienstleister mit den richtigen Vermarktungsstrategien und den maßgeschneiderten individuellen Programmen vor allem bei den richtigen Zielpersonen arbeiten.

WELCHES KONKRETE BEISPIEL GIBT ES ZUR UMSETZUNG?

Bibliotheken mit lebenslangem Service

Gerald Willms hat sich gerade erst mit einer Idee selbstständig gemacht, die ihresgleichen sucht. Und schon ist er mit einem zweiseitigen Artikel in dem renommierten Trendmagazin „Mensch & Büro" vertreten, das seit Jahren in allen IC- und ICE-Zügen der Deutschen Bahn aushängt. Unter dem Firmennamen „Die Privatbibliothek" konzipiert er Bibliotheken für Privatleute und Unternehmen (www.die-privatbibliothek.de).

Zum Angebot von Gerald Willms gehört dabei weit mehr, als festzulegen, welche und wie viele Regale sein Kunde benötigt. In enger Abstimmung wählt er auch die Bücher aus, die die Regale schließlich füllen sollen. Neben den Regalen konzipiert und beschafft er individuelle Büchersammlungen für alle Themen und Leidenschaften. Eine derartige Wissensdienstleistung sieht Willms als „reines Handwerk", das er als Akademiker gelernt hat. Was Service bedeuten kann, wenn man konsequent darüber nachdenkt, zeigt sich auch bei seinem Angebot, bei bestehenden Bibliotheken die Bücher zu katalogisieren und zu inventarisieren, Sammlungen zu pflegen und regelmäßig Vorschläge zur Vervollständigung zu machen.

Da er mit den profiliertesten Möbelherstellern zusammenarbeitet, gelingt es ihm auch, Funktionalität und Ästhetik so zu verbinden, dass aus der Bibliothek ein prestigeträchtiger Blickfang wird.

Im Prinzip hat Gerald Willms, der lange in öffentlichen Bibliotheken gearbeitet hat, nur seine lang anhaltende Begeisterung für die Zeitlosigkeit des Buches zur Profession erkoren. In einer Zeit, in der vieles „light, fast and easy" sein muss, sind Bücher für ihn der Inbegriff einer ruhigeren und besonderen Welt.

Die mögliche Tragfähigkeit dieser Geschäftsidee zeigt sich auch bei den neuesten Gedanken von Gerald Willms: Die Öffnung von Räumen, in denen das Leben Gefahr läuft, zunehmend geschlossene Formen anzunehmen, ist das jüngste und dezidiert soziale Projekt der Privatbibliothek. Ob Seniorenwohnheim, Reha-Klinik oder „Knast": Die Privatbibliothek kreiert Hausbibliotheken als Kern von Kommunikationsräumen mit lokalen Institutionen und Partnern vor Ort. Soziale Kompetenz und langfristiges Engagement sind dabei Selbstverständlichkeiten.

Thomas Huber

5 Fragen zum Trend:

Gartenfieber

Was ist eigentlich Gartenfieber?

An vielem wird gespart, nicht aber am Garten. Hier steigen seit Jahren die Ausgaben, immer aufwendiger richten sich die Deutschen Balkon und Garten ein, sei es mit Gartenhäusern, Teichen, Mäuerchen oder Säulen. Längst haben auch Stadtbewohner den Trend erkannt. Große Brachflächen in Städten (Stichwort Rückbau) sollen demnächst wieder in „auratische Orte" des Grüns verwandelt werden – mit genug Platz für betuchte Hobbygärtner, um dort Parzellen zu bestellen. Auch in die Shopping-Center haben Grünkonzepte mittlerweile Eingang gefunden, etwa im Londoner Bluewater, das über das größte Gewächshaus der Insel verfügt. „Gardening is the new sex" titelte kürzlich gar die Londoner „Times".

Was steckt dahinter?

Der Garten verkörpert mit seinen Pflanzen besser als vieles andere das ganz andere, nach dem sich die Menschen immer sehen. Als Oase der Ruhe, als Ort der Langsamkeit, als Garant unveränderlicher Gesetze des Werdens und Vergehens. Das beruhigt und schafft neue Energien für den Alltag. In den vergangenen Jahren wurde der Garten zudem zunehmend als Ort von Design und Gestaltung erkannt, kräftig gefördert durch die Bau- und Gartenmärkte. So entstehen heute gusseiserne Pavillons, französische und toskanische Gärten, hochwertige Baumhäuser und Feng-Shui-Gärten.

Wie erkenne ich Konsumenten im Gartenfieber?

Einfacherweise daran, dass sie nichts stärker interessiert und bewegt wie die Gestaltung ihres eigenen Stücks Grün. Hier eröffnen sich weite Felder, die bisher im Handwerk noch kaum als eigene Projekte wahrgenommen wurden, bisweilen aber durchaus erhebliche Umfänge annehmen.

Wie gross ist die Zielgruppe?

Über 10 Milliarden Euro ist der deutsche Gartenmarkt laut Untersuchungen* schwer, 40 Millionen Gärten und Balkone gilt es zu begrünen und zu gestalten.

Wie stabil ist der Trend?

Als Gegenentwurf zur immer abstrakteren, beschleunigten und komplexen Alltagserfahrungen hat der Garten in den kommenden Jahren noch klare Wachstumspotenziale, sowohl bei der Ausstattung mit technischen Geräten wie auch bei Gestaltung und Dienstleistungen rund ums Thema „Grün".

*BBE-Branchenreport

Dr. Bernd W. Dornach

WELCHE FOLGEN HAT DER TREND FÜR DAS HANDWERK?

Das Gartenfieber kann viele typische Krankheiten heilen, mit denen Bundesbürger in den nächsten Jahren konfrontiert sein werden: Die reduzierte Urlaubskasse macht „Balkonien" wieder interessanter, der höhere Freizeitanteil führt zu mehr Beschäftigungsinteresse zu Hause, die knappe Haushaltskasse wird durch Selbstversorgung im bäuerlichen Garten entlastet, die längere Lebenserwartung kann durch leichte körperliche Arbeiten im Garten sinnvoll mit Inhalt gefüllt werden.

Das Gartenfieber selbst wird erst so richtig schön durch das gigantische Angebot der Gartenmärkte, in das die Gestaltungs- und Pflanzenwelt der ganzen Welt zwischenzeitlich Einzug gehalten hat.

Trotz steigender Do-it-yourself-Anteile bleibt für das Handwerk eine Fülle von Aufgaben übrig. Wer einmal selbst einen einfachen Gartenteich angelegt hat, der weiß, wie viel fachliches Know-how dazu erforderlich ist, um wirklich dauerhaft Freude daran zu haben. Wie weit diese Themen sich entwickeln können, zeigt das Beispiel „Schwimmteich", bei dem nur eine Handvoll Experten wirklich zuverlässige Lösungen garantiert.

WELCHE CHANCEN ERGEBEN SICH FÜR DAS HANDWERK?

Wie so häufig bei den Empfehlungen für zukunftsfähige Positionierungen im Handwerk sind beim Trend Gartenfieber insbesondere die Bereiche Coaching, Professionalisierung und Service von besonderem Interesse.

Während effektvolle Gartenarbeit früher von Generation zu Generation weitervermittelt wurde, fallen entsprechende Erfahrungen bei den heute aktiven Zielgruppen eher nicht mehr ins Gewicht und begleiten den infizierten Gartenfan bei den entsprechenden Themen.

Dieses Coaching, das ja in der Regel beim Verkaufsgespräch beginnt, vermittelt die Professionalität, die

eine ganz große Domäne des zukunftsfähigen Handwerks sein wird. Der Unterschied zwischen selbst ernannten Experten und echten Profis ist für den anspruchsvollen Kunden leider schwer durchschaubar und zeigt sich erst bei Spätfolgen.

Jeder, der sich selbst einmal mit dem Gartenfieber konfrontiert sah, weiß um die große Serviceintensität dieses Themas. Wenn dann ein Gärtner zur Verfügung steht, der sich um die regelmäßige Pflege kümmert, bei Schädlingsbefall zur Stelle ist, die Pflanzen nach dem Starkregen wieder aufpäppelt und sich um die Überwinterung und Einlagerung kümmert, dann kann der Lebensqualitätsaspekt des Handwerks sicher nachvollzogen werden.

WELCHE RISIKEN SIND ZU BERÜCKSICHTIGEN?

Die Risiken liegen – wie so häufig bei schnell wachsenden Märkten im Handwerk – insbesondere in der echten Professionalität.

Wie oft wurden schon winterfeste Terracotta-Töpfe verkauft, die dann doch das nächste Frühjahr nicht erlebt haben? Das Thema Garten hat viel mit den Unabwägbarkeiten der Natur zu tun, die sich eben

nur zum Teil standardisieren lässt. Gut für den Kunden sind deshalb „Anwuchsgarantien" und „Pflegevereinbarungen". Leider haftet dem Großteil der Garten- und Landschaftsbauer-Branche noch ein negatives Image an, das manchmal auch im Auftritt beim Kunden und im Pflegezustand der Arbeitsgeräte nicht gerade korrigiert wird.

WELCHES KONKRETE BEISPIEL GIBT ES ZUR UMSETZUNG?

Schwimmteiche – Oasen im eigenen Garten

Blickt man einige Jahre zurück, so lässt sich ein Trend ganz deutlich festmachen: der Schwimmteich im eigenen Garten erfreut sich immer größerer Beliebtheit. Gartenarchitektin Michaela Fischer weiß, worauf es ankommt: „Einem Schwimmteich gemeinsam mit seinen künftigen Besitzern seinen eigenen Stil zu verleihen, ist von grundlegender Bedeutung und macht den Garten so zu einer Oase für Körper und Seele."

Wer sich mit dem Gedanken trägt, den Traum vom Schwimmteich zu erfüllen, dem sollen in kurzen Worten Entscheidungshilfen mit auf den Weg gegeben werden: Als Minimum an Platzbedarf gilt eine freie Fläche von ca. 100 m^2. Optimal ist es, wenn diese Fläche an einem Teil leicht beschattet und relativ eben ist. Kleine Höhenunterschiede können durch Stützmauern ausgeglichen werden. Für die Teichtiefe gilt: Je tiefer der Schwimmbereich, desto besser ist dies für die Wasserqualität. Das bedeutet, ca. 1,80 bis 2,00 m sind ideal. Dank ausgereifter Technik sind aber auch kleinere Schwimmteiche mit geringerer Wassertiefe möglich. Skimmer und Filter klären das Wasser, das durch die ständige Umwälzung zusätzlich mit Sauerstoff angereichert wird.

Dennoch, trotz „Natur pur" geht es auch beim Schwimmteich ohne regelmäßige Pflegearbeiten nicht. Die Regenerationszone (das ist die Zone, in der die Wasserpflanzen leben, bis ca. 50 cm Tiefe) sollte jährlich gereinigt werden, das heißt, abgestorbene Pflanzenteile und Laub sollten entfernt werden. Alle 4 Jahre empfiehlt sich eine Komplettreinigung, bei der auch die Schwimmzone entleert wird und die Teichsohle sowie die Schwimmzonenbegrenzung gesäubert werden.

Die Firma Blazek Garten + Landschaftsbau (www.blazek-garten.at) verfügt über einen bereits 10-jährigen Erfahrungsschatz bei Planung und Bau von Schwimmteichen. Individuelle Beratung und kreative Planung sowie fachkundige Ausführung sind der Schlüssel zum Erfolg. Zum Leistungsspektrum zählt selbstverständlich auch das komplette Gartengestaltungsprogramm, angefangen bei der Anlage von Wegen und Plätzen, Pflanz- und Rasenarbeiten, Montage von automatischen Bewässerungsanlagen sowie Stein- und Holzarbeiten u. v. m.

Thomas Huber

5 Fragen zum Trend:

All-Age-Konsum

Was ist eigentlich All-Age-Konsum?

Das Alter existiert nicht mehr. Klingt übertrieben, aber in vielen Konsumfeldern ist Alter kein Begriff mehr, über den sich die Menschen beschreiben lassen. Immer mehr Produkte richten sich an alle Altersgruppen, immer mehr „junge" Produkte werden von Älteren genutzt und umgekehrt.

Was steckt dahinter?

Die klassischen Konzepte, wie ein Mensch in welchem Alter aussieht und wie er sich seinem Alter gemäß verhält, haben ausgedient. Erwachsene gehen ebenso in Filme wie „Herr der Ringe" und sind Harry-Potter-Fans wie Kinder. Genauso fahren nicht mehr nur die Jugendlichen Motorrad – das Durchschnittsalter der Harley-Davidson-Fahrer liegt mittlerweile bei 48 Jahre. Dass die Kategorien Kindheit, Jugend, Erwachsenenstadium und Alter heute nicht mehr viel aussagen, hat mehrere Gründe:

■ Der medizinische Fortschritt hat die biologische Alterung nach hinten verschoben, höhere Aktivität in wesentlich höherem Alter ist heute normal.

■ Die „Konsumreife" setzt früher ein. 16-Jährige wissen heute so viel wie früher Hochgebildete (wenn auch mit anderem Inhalt), die Pubertät setzt 2 bis 3 Jahre eher ein als früher, die „Quarterlife Crisis" (mit 25 Jahren) ersetzt die „Midlife Crisis".

■ Die Gesellschaft toleriert stark ausgeweitete Phasen von Kindlichkeit und Jugendlichkeit, wir müssen nicht mehr so schnell „erwachsen" werden.

■ Die Auflösung der traditionellen Rollenbilder addiert neue Phasen der Tätigkeit, etwa nach dem Ende der Kindererziehung oder dem Ende der offiziellen Erwerbstätigkeit.

Wie erkenne ich All-Age-Konsum?

All-Age-Konsum ist relativ schwer äußerlich dingfest zu machen, da er sich ja gerade nicht an besonders typische Verhaltensweisen hält. Sinnvoller ist es in diesem Zusammenhang, generell davon Abstand zu nehmen, bestimmten Altersgruppen ausschließlich „ihre" passenden Produkte zu offerieren, sondern Kunden, die man in diese Kategorie sortieren könnte, ruhig auch mal mutige Vorschläge zu machen, die früher undenkbar gewesen wären – etwa „das Mountainbike für den 70-Jährigen".

Wie gross ist die Zielgruppe?

Die Zielgruppe ist sehr groß, wenn auch sehr diffus. Jugendliche fallen ebenso darunter wie Leute im besten Alter. Insofern lässt sich hier keine Zahl nennen. Der Ansatz muss hier eher im Produkt und seiner Vermarktung liegen, das sich nicht auf bestimmte Alterssegmente festlegt.

Wie stabil ist der Trend?

Auch in den kommenden Jahren werden wir nicht zu den festgefügten Lebens- und Verhaltensmodellen der Vergangenheit zurückkehren. Je stärker sich der Markt individualisiert, desto häufiger werden Menschen Produkte wählen, für die sie früher „nicht reif" oder „eigentlich zu alt" gewesen wären oder die ganz einfach für alle passen.

Dr. Bernd W. Dornach

WELCHE FOLGEN HAT DER TREND FÜR DAS HANDWERK?

Die Erkenntnis des All-Age-Konsums ist die überfällige Formel für die richtige Zielgruppenansprache. Viel zu lange wurde im Marketing und in der Produktentwicklung das „altersgerechte Produkt" propagiert, das genau bei denjenigen gescheitert ist, die sich eben gerade nicht altersgerecht verhalten wollten. Für das Handwerk gehörte der All-Age-Konsum in allen Bau- und Wohngewerken immer

schon zur Realität. Unverzeihlich sind deshalb „Handwerkersünden" vor Jugendlichen, die dann in der Regel denken: „Diesen Job möchte ich nicht machen" – vom Mitsprachediktat der Jugendlichen einmal ganz zu schweigen. Genauso kurzsichtig ist es, die „Bauaufsicht bei Oma nebenan" zu unterschätzen – denn oft zahlt sie die Renovierungsmaßnahme!

WELCHE CHANCEN ERGEBEN SICH FÜR DAS HANDWERK?

Eine nahe liegende Klammer des All-Age-Konsums dürfte sich für das Handwerk als überaus profitabel erweisen: Sprechen Sie die kaufkraftstarke Zielgruppe der älteren Jahrgänge mit dem Flair und den Idealen der jüngeren Zielgruppen an. Beispiele gibt es zuhauf: Das perfekte Büro zu Hause, das via Internet mit dem Rest der Welt vernetzt ist, das Hobbyzimmer für die Carrera-Rennbahn, die Modelleisenbahn oder die Party-Kellerbar mit Platten-Diskothek, den Fitness-Raum mit modernen Trainingsge-

räten und perfekter Entertainment-Infrastruktur mit Dolby-Surround-Kinotechnik, den begehbaren Schrank mit professioneller Schminkecke, die Sammlervitrine für die Burrago-Automodelle, die Hobbywerkstatt mit Edelwerkzeug der Handwerkerklasse, das ähnlich wie das sensibel gepflegte Werkzeugtool „Leatherman" oder das Schweizer Armeemesser mit den 102 Funktionen dank zuverlässigem Handwerkerkontakt nie zum Einsatz kommen muss.

WELCHE RISIKEN SIND ZU BERÜCKSICHTIGEN?

Das wahre Problem für den Kunden besteht wohl darin, dass er für die Umsetzung derartiger Lebensträume bis jetzt eher seltener einen passenden Handwerksbetrieb gefunden hat. Und das Problem der Handwerker besteht im Trend des All-Age-Konsums darin, dass sie sich nicht trauen, sich in aller Konsequenz als weltoffener Allrounder vor dem

Hintergrund seiner jeweiligen Kompetenz in wirklich attraktiver Form aktiv zu präsentieren.

Je mehr man konsequent über dieses Geschäftsfeld nachdenkt, desto schneller stellt sich die Frage nach dem: „Wer soll diesen Markt neben dem Handwerker überhaupt bearbeiten"?

Dr. Bernd W. Dornach / Burga Warrings

WELCHES KONKRETE BEISPIEL GIBT ES ZUR UMSETZUNG?

Infotainmentpark zum Bauen und Wohnen

Die „World of Living" (www.world-of-living.de) ist ein Muss für alle, die bauen wollen, eine Bereicherung für jeden, der renovieren will, und ein Spaß für die ganze Familie: Europas bislang einzigartiger Infotainmentpark für Bauen und Wohnen im badischen Rheinau-Linx (zwischen Baden-Baden und Straßburg) verknüpft spannende Unterhaltung mit Informationen zum modernen Bauen und versteht sich als Spitzenattraktion für die ganze Familie. Herzstück ist das „Universum der Zeit": Von der Steinzeit bis zur Raumstation im Weltall ist hier hautnah und täuschend echt eine Zeitreise durch die unterschiedlichsten Wohnkulturen der Menschheit zu erleben. Die einzelnen Epochen sind detailgenau von Hollywood-Kulissenbauer Johann Kott in Szene gesetzt, so z. B. die labyrinthartigen Pyramidengänge im alten Ägypten oder das prunkvolle Bad Königin Kleopatras. Eine ausgeklügelte Technik von Klimageneratoren, Geräuscharrangements und Duftkompositionen sorgt für ein einmaliges Erlebnis mit allen Sinnen.

Mitten in einem weitläufigen Park mit alten Bäumen, See und Gartenanlagen erwartet die Besucher außerdem eine der schönsten Hausausstellungen Deutschlands. Acht verschiedene Ausstellungshäuser – vom Blockhaus bis zum Passivhaus, von der Traumvilla bis zum Kompakthaus – zeigen neue Bau- und Wohntrends. Ein gläsernes Zentrum, die „Halle der Kreation", vereint an einem Ort innovative Haus- und Umwelttechnik und alles zum Thema Innenausstattung.

Während sich die Erwachsenen auf anschauliche Weise informieren, können die kleineren Besucher spielerisch unterschiedliche Wohnformen von Menschen und Tieren entdecken, z. B. Pfahlbauten, eine überdimensionale Biberburg oder einen Schneckenturm.

Thomas Huber

5 FRAGEN ZUM TREND: MEGA-MARKT SPORT

WAS IST EIGENTLICH MEGA-MARKT SPORT?

Sport wird zur zentralen Freizeitbeschäftigung der Wellness-Kultur. Nirgendwo sonst lassen sich die Ideale von Selbstkontrolle, Balance und Gesundheitsvorsorge besser kombinieren. Dabei lösen sich die Deutschen jedoch immer mehr von der klassisch-vereinsmäßig organisierten Sportlichkeit. Hier wie anderswo bleibt der Individualismus weiter auf seinem Siegeszug.

WAS STECKT DAHINTER?

Sport zu treiben wird mehr und mehr zur Normalität, auch in älteren Gesellschaftsschichten. Zum einen, weil immer klarer wird, dass nichts zur gesundheitlichen Vorbeugung geeigneter ist als gemäßigte Sportlichkeit (man denke nur an die Entdeckung der neuen „Volkskrankheit" Übergewicht). Aber auch, weil der Sport für viele eine Möglichkeit bietet, sich selbst nach einem Wunschbild zu formen. Bereits heute empfinden über die Hälfte der unter 20-Jährigen den Körper nicht mehr als unveränderlich. Wer diese Veränderung nicht auf dem Weg der plastischen Chirurgie anstrebt (ebenfalls stark wachsend), der geht den Weg über den Sport.

WIE ERKENNE ICH SPORT-KONSUMENTEN?

Hier gilt es, vor allem auf die Ausstattungseffekte zu achten, denn immer mehr Bereiche werden von Sport-Konzepten erobert. Stark wachsend etwa der Bereich der Indoor-Sport-Anlagen, z. B. Skifahren im Madrider Einkaufszentrum Xanadu, schwimmende Spas auf künstlichen Inseln, Kletterwände auf Ozeandampfern. Aber auch zu Hause gewinnen Konzepte von integriertem Trainings-, Bade- und Schlafzimmern immer mehr Anhänger – für den schnellen Workout nach dem Aufstehen. Sport wird somit in die Wohnkonzeption einbezogen.

WIE GROSS IST DIE ZIELGRUPPE?

45 % aller Deutschen ab 16 Jahren sind laut dem Verband DSSV entweder Mitglied in einem Sport-Studio oder können sich vorstellen, dort Sport zu treiben; man rechnet damit, dass bis 2005 die Hälfte der Mitglieder über 45 Jahre alt sein wird.

WIE STABIL IST DER TREND?

Durch die Alterung der Gesellschaft, die wachsende Lebenserwartung und die Erkenntnis, dass wir im Alltag unter akutem Bewegungsmangel leiden, der die Lebensqualität dieser zusätzlichen Jahre erheblich beeinträchtigen kann, wird der Markt für Sport und Sport-Stätten in den kommenden Jahren weiter wachsen. Weniger erfolgversprechend entwickelt sich der Markt des Jugend-Sports, schon allein auf Grund der Geburtenentwicklung.

Dr. Bernd W. Dornach

WELCHE FOLGEN HAT DER TREND FÜR DAS HANDWERK?

Bereits heute beschert das Rahmenthema Sport die besten Einschaltquoten in den Medien und bringt eine Massenbewegung „zum Laufen". Dabei sind nicht nur die aktiv Sport-Treibenden selbst von Interesse, sondern auch die passiv zuschauende Fangemeinde. Nach Aussagen der großen Veranstalter der Sportartikel-Messen sind dabei künftig gerade diejenigen Zielpersonen von Interesse, die den Sport mehr aus Imagegründen „pflegen" und sich selbst nicht so sehr sportlich anstrengen, sondern mehr das Umfeld zur eigenen Positionierung nutzen. Ungezählt sind deshalb die vielen häuslichen Sport-

Geräte, die längst dem Schattendasein dunkler Kellerräume entronnen sind und zunehmend häufiger die prestigeträchtigsten Plätze der Wohnung erobert haben, aber trotzdem selten genutzt werden.

Für das Handwerk ergeben sich mit dem Thema Sport viele, bisher häufig ungenutzte Positionierungsmöglichkeiten: Als Förderer spezieller Disziplinen und Akteure, als Mitarbeitermotivationsinstrument, als Kundenbindungsprogramm sowie im direkten Bau-, Einrichtungs-, Umbaubereich.

WELCHE CHANCEN ERGEBEN SICH FÜR DAS HANDWERK?

Sport-Sponsoring gehört künftig auch für das Handwerk zu einem interessanten Marketinginstrument, um den so wichtigen Bekanntheits- und Sympathiegrad zu verbessern. Gerade die Fülle diesbezüglicher regionaler Aktivitäten sowie kreative, neue Sport-Bewegungen (z. B. Nordic Walking) eröffnen vielfältige Möglichkeiten. Ein wichtiger Ansatz ist die Zusammenführung von Mitarbeitern und Kunden im jeweiligen Umfeld zur Förderung informeller Kontakte.

In direkten Bau-, Einrichtungs- und Umbaubereich kann der Mega-Markt Sport für interessante Impul-

se sorgen. Im Bereich der Kellersanierung offeriert die Industrie zwischenzeitlich ein vielfältiges Programm, das unter dem Blickwinkel kompetenter Kundenorientierung insbesondere dann interessant ist, wenn es nur von geschulten, autorisierten, zertifizierten Handwerksbetrieben verarbeitet werden darf. Ein ähnliches Eroberungsgebiet für den Handwerker sind traditionell die vielen, nicht ausgebauten Dachgeschosse. Wie bereits erwähnt, werden aber auch die normalen Wohnzimmer, Schlafzimmer sowie Badeinrichtungskonzepte immer häufiger „vom Sport dominiert" sein.

WELCHE RISIKEN SIND ZU BERÜCKSICHTIGEN?

Zu den schwierigeren Aufgaben bei der Nutzung des Trends „Sport" im Handwerk gehört die Konstruktion von Zusammenhängen von Sponsoraktivitäten und konventionellen Tätigkeitsfeldern. Ohne eine derartige Konsequenz im Marketingbereich werden die Effekte nur zum Teil sinnvoll genutzt.

Die Klammer führt im Handwerk dazu beispielsweise oft über eigene Mitarbeiter, die in der jeweiligen sportlichen Disziplin aktiv sind oder die Inhaber selbst, die in der jeweiligen Sportart aktiv oder passiv entsprechende Ambitionen haben. Nicht selten steckt im Handwerk auch der Aspekt „steuerlich

abzugsfähiger Hobbys" hinter entsprechenden Engagements – wichtiger ist zur Erreichung echter Durchschlagskraft bei der Positionierung natürlich die persönliche Überzeugung oder Leidenschaft, mit der man die Marketingidee lebt.

Gefährlich ist die konsequente Unterstützung einer bestimmten Sportidee dann, wenn wertvolle Marketingbudgets nur in großen Töpfen oder Anzeigenfriedhöfen landen und werbemäßig dem Sponsor schlecht zugeordnet werden können.

Dr. Bernd W. Dornach

WELCHES KONKRETE BEISPIEL GIBT ES ZUR UMSETZUNG?

Teure Exponate in stiefmütterlichem Zuhause

Die Firma Krausbau in Stuttgart (www.krausbau.de) ist permanent auf der Suche nach neuen Marktnischen im Umfeld ihres Kernkompetenzbereiches Innenausbau mit Farbe, Stuck und Putz.

Neben anderen Marktnischen im hochkarätigen Innenraum-Design und der kreativen Sanierung von Büros und Geschäftslokalen hat Michael Kraus die Garage entdeckt. Es ist schon erstaunlich, wie viele wertvolle Oldtimer (meist liebevoll luxussaniert) und Freizeitautos mit aufwendiger Komplettausstattung gerade in der Heimat der Mercedes-Benz-Edelkarossen in dunklen „Garagenverliesen" ein echtes Schattendasein fristen.

Was liegt also für Michael Kraus näher, zusammen mit zuverlässigen Partnern aller relevanten Gewerke für diese Zielgruppe zu arbeiten, die sich sonst im Umfeld des Hauses schon fast alle Annehmlichkeiten geleistet haben, aber noch nicht über die adäquate Behausung für ihr geliebtes, teures Autohobby verfügt?

Ein Anklopfen bei den Top-Lieferanten der Fertiggaragen-Industrie verlief erfolglos: „Die Garage kommt immer zuletzt, dafür ist kein Geld da, wir sind groß und machen das Geschäft über den Preis, unser Standardsortiment genügt allen Ansprüchen ..."

Aber wer die Hartnäckigkeit von Meister Kraus kennt, weiß, dass er sich so schnell nicht entmutigen lässt. Sein neues Produkt – genauer gesagt handelt es sich um ein komplettes Marktbearbeitungssystem – wird auf den zahlreichen Insider-Veranstaltungen wie beispielsweise der Solitude Revival Veranstaltung auf Stuttgarts berühmten alten Stadtrennkurs promotet (vgl. Bild).

Das aktuelle variable und ständig weiter wachsende Angebot liest sich beispielsweise wie folgt: Entrümpelungsservice, Bausubstanz-Gutachten, Vorschläge für Dachsanierung, Dachbegrünung und Solarpanels, Einbau von Sicherheitstoren und -türen, selbstverständlich mit zuverlässigem Komfort-Automatik-Antrieb, professionelle Beleuchtungssysteme, Lackspanndecken, Einbau von Klimaanlagen mit Luftfeuchtigkeitskontrolle, Lieferung professioneller Aufbewahrungssysteme, Werkbänke und Profiwerkzeug, Einbau von Alarmanlagen, Angebot von Zusatzversicherungen usw.

Dass dabei das Lieblingstätigkeitsgebiet von Meister Kraus auch zum Einsatz kommt, versteht sich von selbst. Mit Wandmaltechniken und Scheinarchitekturleistungen erhält jeder Fan seine „Traumgarage".

1903 2003

Thomas Huber

5 Fragen zum Trend: ENTSCHLEUNIGUNG

Was ist eigentlich Entschleunigung?

Kaum ein Konzept war in den vergangenen Jahren erfolgreicher als „Simplify". Vereinfacht wird das Reisen, die Deutschen entdecken die Heimat als Reiseland wieder. Vereinfacht wird der Sport – Soft Sports, die wenig Ausrüstung brauchen, erleben einen gewaltigen Aufschwung, sowie die Kommunikation – das Handy wird immer häufiger abgeschaltet, das Leben ganz allgemein vereinfacht. Die Suche gilt dem wirklich Wichtigen, den essentiellen Dingen, die das Leben wirklich bereichern und mit Sinn erfüllen. Downshifting nennen Amerikaner dieses „Herunterfahren", Bremsen, Entschleunigen, aber auch der wachsende Bedarf nach Rückbau fällt darunter.

Was steckt dahinter?

„Simplify your Life", d. h., Entschleunigung ist die Revolution gegen das Zuviel, gegen den Überfluss, die Über-Kompliziertheit. Downshifter heißen in den USA die Anhänger der Bewegung, die freiwillig abrüsten: weniger Auto, weniger technische Spielzeuge, weniger Kurse, weniger Konsum im Tausch gegen mehr Lebensqualität. Einer der Gründe für die Konsumflaute in Deutschland ist auch im Überdruss an den immer gleichen Ramschangeboten zu finden. Im Gegensatz zum Lebensassistenz-Konzept (siehe auch dort) reduzieren die Entschleuniger aber, anstatt das Problem an jemand anderes zu verweisen.

Wie erkenne ich Entschleuniger?

Entschleuniger sind keine Konsumverweigerer, sie wollen nur nicht durch noch mehr Dinge noch mehr Probleme verwalten. Sie suchen nach Klarheit und Einfachheit. Weniger ist mehr und darf dann auch mehr kosten. Konzepte müssen überzeugend und simpel sein, Produkte langlebig und stilvoll, nicht billig. Reduziertes Design, wenig Materialien und klare Linien begeistern diese Konsumenten, die reiflich abwägen, ob sie etwas Neues überhaupt brauchen. Und wer ihnen etwas Neues anbietet, sollte sich auch darum kümmern, was mit dem Alten geschieht.

Wie gross ist die Zielgruppe?

Nach einer Untersuchung des Zukunftsinstituts* gehören rund 12 % (7,82 Millionen) der Bundesbürger zur Gruppe der Entschleuniger oder Offliner, die das Bedürfnis haben, sich öfter mal auszuklinken und ihr Leben insgesamt zu vereinfachen. Derzeit sind es vor allem Altersgruppen ab 40 und in der Mehrzahl Frauen, die diesen Trend für sich wichtig finden.

Wie stabil ist der Trend?

Die Masse der „Vereinfacher" wird in den kommenden Jahren weiter wachsen. Der gefühlte Druck durch Informationsüberfluss, das unkontrollierte Anwachsen der Produktmengen im Haushalt, die Allgegenwart qualitativ minderwertiger Ware aus dem Discount, all das verfestigt den Wunsch nach Vereinfachung und Klarheit. Vereinfachungs- und Rückbauleistungen werden in den kommenden Jahren auf einen schnell wachsenden Markt treffen.

*Zukunftsinstitut/TNS Emnid:
„Der Freizeitmensch von morgen"

Dr. Bernd W. Dornach

WELCHE FOLGEN HAT DER TREND FÜR DAS HANDWERK?

Was nützt die Aufrüstung des Lebens, wenn es nicht mehr beherrschbar ist? Der Entschleunigungs-Trend setzt der immer weiter zunehmenden Komplexität die Grenzen. Die Industrie hat allerdings in den letzten Jahren als Vorlieferant der Handwerker nicht gerade zur Erleichterung beigetragen. Wo bleibt das Basic-Handy, das wirklich nur die wichtigsten Funktionen besitzt? Wo die Fernbedienung, die alle verschiedenen Geräte rund ums Fernsehen mit wenigen Tasten steuert? Warum muss man in jedem Auto den Blinkerhebel und den Schalter für das Einschalten der Beleuchtung immer woanders suchen?

Und warum hat sich bisher kaum ein Handwerker auf die echten Basics konzentriert? Küchen sind häufig nicht wirklich funktional aufgebaut und haben selten variablen Platz für die wichtigsten Elektrogeräte. Manch ein Badezimmer erfüllt die wichtigsten Anforderungen für Hygiene und leichte Reinigung nur ungenügend. Und kaum ein Gartenstuhl erfüllt die wichtigsten Anforderungen an Stabilität, Wetterschutz und Sitzkomfort etc.

Im Downshifting-Trend könnte Handwerk (s)eine wahre Profession finden: „Simplify your Life."

WELCHE CHANCEN ERGEBEN SICH FÜR DAS HANDWERK?

Wünschenswert ist beispielsweise der Handwerker, der einfach sagt, was man unbedingt machen und worauf man auf jeden Fall achten sollte. Außerdem, was man unbedingt vermeiden sollte und was man wann am besten macht. Und der beispielsweise fragt, worauf der Kunde besonderen Wert legt, was ihm ganz persönlich wichtig ist. Wenn dieser Handwerker dann in der zweiten Stufe noch darlegt, was ihm selbst persönlich sehr wichtig ist, worauf er ganz besonderen Wert legt und unter welchen Bedingun-

gen er arbeitet, dann sind beide Seiten – Handwerker und Kunde – in einer Win-Win-Situation.

Und vor allen Dingen: Downshifting könnte ja nur ein Anfang sein, um das oft gestörte Verhältnis zwischen Handwerker und Kunden grundlegend zu reformieren. Im Idealfall kann ja später wieder mehr (Geschäft) daraus werden, speziell wenn daraus dann die so wertvolle, weil handwerklich gemachte, „Küche fürs Leben" entsteht.

WELCHE RISIKEN SIND ZU BERÜCKSICHTIGEN?

Downshifting im Handwerk heißt nicht „Die billige Lösung", sondern die kompetente. Viele Handwerker wären sogar gut beraten, eben nicht an der Leistung und den Lieferanten zu sparen. Mehrere Beispiele belegen, dass Handwerker, die sich zuerst weigern, in bestimmten Preissegmenten oder unter bestimmten Rahmenbedingungen zu arbeiten, später dann den Auftrag zu einem höheren Preisniveau bekommen. Nicht deutlich genug kann dabei auch auf die psychologischen Bedingungen der Minderschätzung des bestehenden Zustandes der

beim Kunden vorgefundenen Einrichtungen etc. hingewiesen werden („Wir entsorgen das schon für Sie ..."). Bieten Sie stattdessen lieber einen symbolischen Preis für die Inzahlungnahme an, versichern Sie, dass Sie die alten Dinge fachgerecht wieder aufarbeiten oder einer sinnvollen Nutzung zuführen. Vergessen Sie nicht, dass unter Ihren Kunden traditionelle Downshifter sein könnten, die immer schon so gedacht haben, wie es manche Zielpersonen erst durch viele negative Erfahrungen lernen mussten.

WELCHES KONKRETE BEISPIEL GIBT ES ZUR UMSETZUNG?

„mutable" – Momente der Stimmung in einen Tisch gerahmt

Um eine neue Generation multifunktionaler Möbel – entstanden durch die Verknüpfung moderner Technologien mit bekannten Formen – entwickeln und vermarkten zu können, wurde im August 2003 sodaepos (www.sodaepos.de) gegründet.

Am Anfang stand die Idee, Einrichtungsgegenständen ein gewisses Leben einzuhauchen. Alltägliches sollte verbunden werden mit Exotischem, Statisches kombiniert werden mit Dynamik. Nach der Philosophie „Anything is possible" hat das innovative Designunternehmen einen Tisch entwickelt, der in der Lage ist, zu „mutieren", das heißt, sein Umfeld und sich selbst zu verändern.

Einerseits kann sich der „mutable" optimal in eine bereits bestehende Umgebung durch Anpassung seiner Oberfläche eingliedern, andererseits kann er so gestaltet werden, dass er einen größtmöglichen Kontrast bildet. Durch eine integrierte LED-Farbwechseleinheit besteht die Möglichkeit, auf eine Stimmung im Raum passiv zu reagieren, oder diese aktiv zu manipulieren.

Je nach Stimmung kann der Kunde auf dem Sofa sitzend den „mutable" per Fernbedienung in ein sinnliches Rot, ein beruhigendes Blau, ein stärkendes Orange, ein erholsames Pastell-Grün in unterschiedlichen Farbintensitäten gemischt und gedimmt verändern. Durch das Verändern der Intensität der drei Primärfarben Rot, Grün und Blau ergeben sich unendlich viele Sekundärfarben. Oder aber, er wählt eine von neun bereits vorprogrammierten „mood"-Beleuchtungen. Definierte Themen laufen nach einem sensibel abgestimmten Lichtdrehbuch ab. Lichtkompositionen – Chill, Motion und Action – beruhigen die Seele, stimulieren die Sinne und regen den Geist an. Der Kunde kann aktive Lichtfunktionen abspielen, unendlich wechselnde Farbkombinationen, die Reihenfolge der Regenbogenfarben, ineinander übergehende Farben und pulsierende Lichteffekte. Jedes der 16 Segmente in der Tischplatte kann eine beliebige Farbe und Helligkeit annehmen. Der von Tino Beitlich gestaltete Tisch ist in unterschiedlichen Größen, Höhen und Lackierungen erhältlich – damit er zur Wohnung passt.

Der „mutable" von sodaepos ist somit weit mehr als nur ein „reiner" Tisch – er ist Stimulanz und Beruhigung, erregend und entspannend zugleich. Er schafft Stimmung und Stimmungen und gibt der Seele, was sie gerade braucht. Der „Tagesentfrachtung" von unzähligen Anforderungen und Eindrücken steht somit nichts mehr im Wege. Auch der Hormonhaushalt sowie Stoffwechsel werden positiv beeinflusst. Die angewandten Komponenten der Lichttherapie spiegeln sich hier vereint wieder.

Thomas Huber

5 Fragen zum Trend: Connaisseurs

Was sind eigentlich Connaisseurs?

Sie kennen alles: jeden Hersteller, alle qualitativen Unterschiede, jedes Baujahr, jede Nuance – und nicht selten viele andere wichtige Anhänger ihres bevorzugten Produkts: die Connaisseurs. Sie sind die „Kenner" des Produkts, professionelle Konsumenten, die sich für alles interessieren, was „ihr" Produkt betrifft. Sie wollen alles über das Angebot erfahren und sich mit Gleichgesinnten darüber austauschen, ob es sich nun um Zigarren, Wein, Oldtimer oder die Feinheit des Stuckmarmors handelt.

Was steckt dahinter?

Wie beim Retro-Trend geht es auch hier stark um die Orientierungsfunktion eines raren Produktes. Es schafft Identifikationsmöglichkeiten und Anlässe, mit anderen in Kontakt zu treten. Dies zeigt sich besonders deutlich bei den jugendlichen Connaisseurs, die sich zumeist um Kultprodukte oder -angebote scharen. Connaisseur-Produkte reduzieren die verwirrende Vielfalt des Angebots: Man nimmt einfach das Beste. Somit ist klar, dass der Connaisseur immer bereit sein muss, sich aktiv um die richtigen Informationen, die besten Bezugsorte, die besten Hersteller zu kümmern. Connaisseurs sind extrem gut informiert, kennen Vertriebswege und Preisstrukturen – plumpe Lockangebote, Scheinservices, Marketingsprechblasen und Mogelpackungen sorgen dafür, dass dieser Kunde nie wieder kommt.

Wie erkenne ich Connaisseur-Konsumenten?

Hochwertigkeit und Langlebigkeit sind fast immer mit im Spiel, im Falle von Kultprodukten auch die Seltenheit des Produkts. Wichtig ist ein beschränktes Angebot, das nicht an jeder Ecke zu haben ist und die besonderen Anstrengungen und Kenntnisse des Connaisseur-Konsumenten quasi belohnt. Der reine Wert des Produktes ist nicht unbedingt entscheidend, eher schon das fast geheime Insiderwissen. Connaisseure gieren nach jeder Art von Information zu und über das Produkt und sein Umfeld. Sie sind sehr stark kulturorientiert, zumindest, was die Kultur ihrer Produkte betrifft. Connaisseurs sind zumeist mit „Brüdern im Geiste" vernetzt, nicht selten bilden sie Clubs oder Clans, die über Landesgrenzen hinweg organisiert sind, etwa in Form von Internetforen.

Wie gross ist die Zielgruppe?

Nach der aktuellen Umfrage von Zukunftsinstitut und TNS Emnid können rund 9 % der Bundesbürger, also 5,78 Millionen Menschen, zu dieser Konsumenten-Gruppe gerechnet werden.

Wie stabil ist der Trend?

Die Konsumkompetenz der Menschen ist in den vergangenen Jahren allgemein stark gewachsen, insofern wird die Gruppe der Profi-Konsumenten, der „Prosumenten", weiter zunehmen. Vor allem in den Generationen der „Master Consumer", also der heute über 50-Jährigen, wächst diese Schicht in den kommenden Jahren weiter an. Die Connaisseur-Gruppen im jugendlichen Sektor bleiben zwar erhalten, sind aber auf Grund ihrer geringen Zeitstabilität schwer zu adressieren.

Dr. Bernd W. Dornach

WELCHE FOLGEN HAT DER TREND FÜR DAS HANDWERK?

Nach meiner Erfahrung sind alle wirklich guten Top-Handwerker selbst Connaisseurs. Sie haben sich entweder selbst bereits persönlich konsequent auf ein Nischen-Geschäftsfeld eingestellt oder sie sind in einem privaten Interessensgebiet Liebhaber bestimmter Themen.

Das berufliche Nischen-Geschäftsfeld beinhaltet dabei weit mehr als die fachlich-gewerkliche Meisterehre. Der geschäftsbezogene Connaisseur hat sich vielmehr meist aus seinem Kollegenkreis verabschiedet, ähnlich einem Extrem-Bergsteiger, der seine Träger im zweiten Basislager zurücklässt und alleine zur Spitze aufsteigt.

Auch der private Connaisseur strebt nach Spitzenleistungen. Sehr häufig sind diese sportlicher Natur, oft im Freizeitbereich (große Segelyacht im Mittelmeer etc.), manchmal auch im Hobbybereich (große Märklin-Eisenbahnsammlung etc.). In jedem Fall motiviert sich der Handwerker-Connaisseur durch echte Bonbons, was ihn in der Kundenorientierung in der Regel zu einem unheimlich starken Partner macht. In 9 von 10 Fällen stimmt folgende Aussage: Nur wenn der Handwerker selbst „sein Leben lebt" und eben nicht „durch andere gelebt wird", dann ist er auch für die wahren Connaisseurs im Kundenkreis ein kompetenter Ansprechpartner.

WELCHE CHANCEN ERGEBEN SICH FÜR DAS HANDWERK?

Die Ansprache jeder Zielgruppe ist nur dann tragfähig, wenn sich eine genügend große Interessentengruppe mit gleichen Eigenschaften finden lässt. Die beste Möglichkeit, Connaisseurs ausfindig zu machen, sind in der Tat Clubs und Clans, die – gerade in Deutschland – auch in kleinen, hoch idealisierten Marktsegmenten sehr häufig vorzufinden sind. Die beste Marketingregel lautet, selbst Mitglied in diesen Vereinigungen zu sein oder diese

zumindest zu unterstützen, um an die echten Insiderinformationen heranzukommen. Gezieltes Sponsoring oder Teilnahme an den eher wenigen, aber meist gut inszenierten öffentlichen Veranstaltungen dieser Connaisseurs sind die besten Türöffner – wie gesagt, wenn Sie sich selbst als Fan zu erkennen geben. Wenn Sie „drin" sind, ist das Geschäftspotenzial meistens groß.

WELCHE RISIKEN SIND ZU BERÜCKSICHTIGEN?

Connaisseurs sind sowohl im Handwerksbereich als auch im Kundenbereich skeptisch gegenüber allen anderen Handwerkern. Dies ist verständlich: Schließlich haben sie es selbst geschafft und sie allein wissen, wie steinig der Weg dorthin ist.

Es könnte sich bei dieser Zielgruppe deshalb als riskant erweisen, wenn Ihr Outfit, Ihr Berufsethos oder Ihr Auto (bei dieser Zielgruppe dürfen Sie auch eher mit Ihrem unbeschrifteten Privatauto vorfahren!) nicht dem Klischee der jeweiligen Zielgruppe von einem zuverlässigen Geschäftspartner entspricht.

Verweisen Sie bei dieser Zielgruppe sehr dezent auf Ihre Profession, verzichten Sie auf jedes vordergründige geschäftliche Argument, warten Sie (ausnahmsweise!), bis diese Klientel selbst auf Sie zukommt, weil die persönliche Wertschätzung oder gemeinsame Wellenlänge stimmt.

Und bei den Connaisseurs gilt ganz besonders das neue Marketingdenken: „Nicht verkaufen, sondern kaufen lassen." Connaisseurs müssen es dann als persönliche Ehre empfinden, wenn Sie mit jemandem zusammenarbeiten. Der Kult und das Ritual gehören hier in ganz besonderem Maß zum Spaß am Erwerb eines Produktes.

WELCHES KONKRETE BEISPIEL GIBT ES ZUR UMSETZUNG?

**Connaisseur des Handwerks:
Tapezierer und Dekorateur**

Als Connaisseurs der Einrichtungsbranche pflegen die Interior-Decorators Karl und Uli Weber nunmehr in der 3. Generation den Umgang mit erlesenen Dingen (www.weber-deco.com).

So kümmern sich die beiden um den Luxus ihres Gewerkes, sind ständig auf der Suche nach schönen, interessanten Dingen, sammeln, was immer sie für gut befinden, um dies der gewachsenen Kollektion hinzuzufügen.

Kein Weg ist dabei zu mühsam und zu weit. Bereits Anfang der 60er Jahre, lange vor der Zeit diverser „Ethno-Looks", hatte schon ihr Vater marrokanisches Kunsthandwerk in das Salzburger Land gebracht. Und mit fernöstlichen Reisgöttern auf handgeknüpfter Grastapete oder matt schimmernder Shantungseide war man schon damals ein Vorläufer des Mega-Trends „East meets West".

Zebrafelle und damit bezogene Polstermöbel sind bei WEBER seit über 3 Jahrzehnten unabdingbares Beiwerk. Selbstverständlich sehen sie sich auch als Kenner und Bewahrer der bodenständigen Wohnkultur. Hier darf das Ohrenfauteuil in handgeschnürtem Sitzkomfort ebenso wenig fehlen wie eine gekonnte Vorhangdekoration aus handbedrucktem Leinen oder Blaudrucken.

Stets wird versucht, selbst einen gewieften Connaisseur aufs Neue zu verblüffen. Ständig wird im reichhaltigen Angebot, das die verschiedenen Kulturen unserer Erde bieten, gejagt und gesammelt. Voraussetzung dafür ist, selbst ein „Kenner" dieser Kulturen, aber auch der Fauna und Flora zu sein und – selbst danach zu leben.

Das Standbein bei WEBER – Werkstätte für schönes Wohnen – ist und bleibt die Erhaltung und die Pflege des Handwerks der Tapezierer und Dekorateure. Die Kenntnis der überlieferten Techniken und Werkstoffe sowie das Hinzufügen von Neuem – vorausgesetzt, es ist gut.

Schon viele Jahrzehnte werden verschiedene Teile Afrikas bereist und bejagt. Unter anderem werden auch Gerbereien besucht, um die erbeuteten Felle verarbeiten zu lassen und wo man sich mit Leder von Großantilopen, Fischen oder mit Fellen von unsagbar skurril gezeichneten Zebras eindeckt.

Die nachhaltige Nutzung afrikanischer Wildtiere durch reglementierte Jagd findet ihre Anerkennung in einem Projekt der UNIDO zur „Förderung afrikanischer Gerbereien".

Die „WEBERs", nunmehr seit 50 Jahren im Geschehen, leben in erster Linie von „Mundreklame", sind in ihrem Lande sicher kein Geheimtipp mehr, jedoch für den erweiterten europäischen Markt noch im Verborgenen blühend. Mit guten Referenzen ausgestattet, arbeitet das Geschwisterpaar in Zell am See in lebendig gestalteten Schauräumen vom Kellergewölbe bis zum Wintergarten, mit eigener Polsterwerkstätte und Nähatelier sowie einer innovativen Kreativabteilung.

Thomas Huber

5 Fragen zum Trend:
Spirituelle Sinnsucher

Was sind eigentlich Spirituelle Sinnsucher?

Spiritualisierung befindet sich gesellschaftlich auf dem Vormarsch. In dem Maß, wie sich die aufgeklärten Individualisten von den Volkskirchen abwenden, wächst der Markt der alternativen Religions- und Transzendenz-Angebote. Denn eine säkularisierte Spiritualität wird von den meisten Menschen als humanes Grundbedürfnis akzeptiert. Nur muss sie bunt, hochemotional und individualistenfreundlich sein.

Was steckt dahinter?

Religiöses und Übersinnliches hatte es in den vergangenen Jahrzehnten schwer. Zu altmodisch, zu wenig beweisbar, zu streng oder einfach nur zu abstrus erschienen die Konzepte. Mit dem Aufkommen von Lifestyle- und Patchwork-Religionen bekennen sich nun wieder mehr und mehr Menschen zu ihrem Gefühl, dass es doch mehr zwischen Himmel und Erde geben muss als das, was man auf dem Kontoauszug sieht. Lebensfreude und die Suche nach dem höheren Sinn betrachten die spirituellen Sinnsucher als Teil ihrer geistig-körperlichen Gesundheit.

Wie erkenne ich spirituelle Sinnsucher?

Spirituelle Sinnsucher stehen dem Konsum zunächst eher kritisch gegenüber, vor allem, wenn er im Gewand etablierter Marken und Großkonzerne auftritt. Dafür sind sie umso experimentierfreudiger, wenn es um metaphysisch-esoterisch angehauchte Konzepte geht, die tiefe Einblicke, energetisches Wohlbefinden oder spirituellen Fortschritt versprechen. Sie sind sehr egozentriert und betrachten alles durch die religiös-ideologische Brille. Im Urlaub reinigen sie sich mental im Kloster und im Alltag stehen Kurse und Therapien als Freizeitbeschäftigungen auf dem Programm.

Wie gross ist die Zielgruppe?

Immerhin zählen sich nach der Umfrage des Zukunftsinstituts* in etwa 6 % oder 3,91 Millionen Bundesbürger zu dieser Gruppe, breit gestreut über die verschiedenen Einkommens- und Bildungsschichten. Der Altersschwerpunkt liegt derzeit bei den 30- bis 40-Jährigen.

Wie stabil ist der Trend?

Nach dem Ende der großen antireligiösen Ideologien und dem endgültigen Sieg des Individualismus ist zukünftig nicht mit einem Abflauen der Suche nach dem spirituellen Sinn im Leben zu rechnen. Auch in Firmen ist mittlerweile eine Respiritualisierung zu erkennen, sei es in der Bereitstellung von Meditationsräumen für die Mitarbeiter oder, noch weitergehend, die Förderung von spirituellen Kursen durch Personalabteilungen in großen Unternehmen. Die große Suche nach einer neuen Form der Religiosität wird anhalten.

*Zukunftsinstitut/TNS Emnid:
„Der Freizeitmensch von morgen"

Dr. Bernd W. Dornach

WELCHE FOLGEN HAT DER TREND FÜR DAS HANDWERK?

Dass spirituelle Sinnsucher in Zeiten der emotionalen Verunsicherung eher zunehmen, ist nur zu gut verständlich. Mehr als im handwerklichen Bereich sind heute im täglichen Leben bereits viele Konsumartikel „emotional aufgeladen". Spätestens seit Charles Wilp für Afri Cola die Klosterschwestern entdeckt hat, hält sich eine immer wiederkehrende Welle der „Nonneritis", des „Zaubers der Mönche" und des „Engelkults". Längst haben Marketing und Management die Lebensregeln der Benediktiner und Franziskaner für sich (wieder) entdeckt. Baldur Kirchners „Benedikt für Manager" erreichte als Buch hohe Auflagen genauso wie Anselm Grüns „Engel für das Leben" und viele weitere Titel.

Derartige ethische Positionierungen sind im Handwerk (zwischenzeitlich) bisher eher selten. Dies verwundert umso mehr, wenn man bedenkt, dass gerade das Handwerk mit seinen Ständen und Zünften sowie traditionell eher mit sinnverpflichtenden Inhalten organisiert war. Schon aus diesem Grund ist im Einklang mit den aktuellen Kunden-Trends damit zu rechnen, dass diese Positionierung im Handwerk in absehbarer Zeit wieder eine echte Renaissance erleben dürfte.

WELCHE CHANCEN ERGEBEN SICH FÜR DAS HANDWERK?

Wer kennt ihn nicht, den Slogan für den Magenbitter „Fernet Branca" aus Italien: „Man sagt, er habe magische Kräfte." Das darin enthaltene Wort Magie weist den Weg zum Verständnis des Trends. Nach Wilhelm Vershofens Nutzenlehre, die er bereits in den 50er Jahren gerade aus dem Handwerk und Hauswerk heraus begründete, sind neben dem im Handwerk meist im Vordergrund stehenden Grundnutzen oder dem extrovertierten Prestigenutzen bei den spirituellen Sinnsuchern vor allem die Bereiche individueller Egonutzen sowie der magische Nutzen besonders ausgeprägt. Übersetzt auf das Handwerk der Neuzeit bedeutet es, dass die Leistungen einer-

seits auf die gerade egozentrische Nutzenerwartung des Kunden – besser gesagt Individuums – eingehen und andererseits philosophische, ethische und transzentrale (also nicht unbedingt nachvollziehbare) Bedingungen einhalten.

Erfreulicherweise läuft diese Chance für das Handwerk eben meist nicht über den „Kontoauszug", sondern das Empfinden und die persönliche Überzeugung. Mein Slogan der „Faszination Handwerk" lautet hierzu: „Ein guter Handwerker bringt ein Stück Lebensqualität."

WELCHE RISIKEN SIND ZU BERÜCKSICHTIGEN?

Verfallen Sie bitte nicht dem Irrglauben, dass die Zielgruppe der spirituellen Sinnsucher sehr genau weiß, was sie will. Die weitaus größere Gruppe in diesem Chancenbereich für das Handwerk verbirgt sich eher hinter den Entwicklungsfähigen oder Unwissenden.

Das große Problem für die Kunden im Handwerk ist die mangelnde Transparenz der Technologien und Möglichkeiten. Es gehört deshalb mit zu den wichtigsten Aufgaben des Handwerkers von morgen, diese Märkte in engem Kontakt mit der Zielgruppe systematisch zu erschließen.

Klären Sie deshalb nicht nur faktisch (Grundnutzen), sondern vor allem auch philosophisch (Stichwort „magischer Nutzen") Ihre Kunden darüber auf, was es noch als Alternativen gibt. Verlassen Sie sich eben nicht nur auf verlässliche nachvollziehbare Tatsachen, sondern wägen Sie auch den Glauben an das Gute und Ihre besonderen Erfahrungen mit dem Kunden ab. Der zweite Bereich wird für das erfolgreiche Marketing im Handwerk künftig die größere Rolle spielen.

WELCHES KONKRETE BEISPIEL GIBT ES ZUR UMSETZUNG?

Das persönliche Wohnprofil stärkt die Entscheidungskraft

Innovative Geschäftsideen tauchen heutzutage zuerst im Internet auf. Die Ideeninhaber können sich so kostengünstig ihr Netzwerk für weitere Informationen zusammensuchen und den Kontakt zu aufgeschlossenen Interessenten anbahnen.

Renate Länger aus Wien (www.wohncoaching.at) bietet beispielsweise an, die individuelle Persönlichkeit, die den Raum bewohnt und den Wohlfühlfaktor bestimmt, zusammen mit den typischen Lebensbedürfnissen und Tagesabläufen zur Wohneinheit zu verbinden.

Als neue unabhängige Dienstleistung unterteilt sie Wohncoaching in die drei Bereiche: Analyse des Wohnprofils, Beratung und Betreuung im Zeitablauf sowie den gezielten Aufbau eines professionellen Netzwerks mit Empfehlungen und Referenzen.

Der bekannte Astrologe Winfried Noé empfiehlt auf seiner Homepage (www.noeastro.de), beim Wohnen und Einrichten die Persönlichkeit des Menschen, seine Wünsche und Bedürfnisse mindestens genauso zu beachten wie die Gegebenheiten der Räume. Bekanntlich kann man die Sternzeichen in vier Elemente einteilen: Feuer (Widder, Löwe, Schütze), Erde (Stier, Jungfrau, Steinbock), Luft (Zwilling, Waage, Wassermann) und Wasser (Krebs, Skorpion, Fisch).

Um feuerbetonte Menschen zu differenzieren, schlägt er folgenden Vergleich vor: Ein Widder entfacht das Feuer, der Löwe hält das Feuer in Gang und der Schütze verteilt die Wärme.

Kaum ein Widder wohnt lange am selben Ort. Einem Widder sind oftmals die vier Wände, in denen er wohnt, nicht so wichtig – was aber nicht bedeutet, dass er deshalb kein schönes Zuhause hat. Sollte es aber nicht möglich sein, öfter umzuziehen, haben sie eine besondere Begabung, ihre Umgebung ständig zu verändern, Möbel von einer Ecke in die andere zu rücken, ja ganze Zimmer zu tauschen. Diese Leute hassen Einbaumöbel, denn mit diesen kann nichts mehr verändert werden. Sie sind geborene Architekten und Designer, ihre Ideen sind frisch und ungewöhnlich. Sie haben es gern unkompliziert, es macht auch nichts, wenn kein Lift in die schöne Dachgeschosswohnung fährt. Meist sind ihre Wohnungen einfach, aber auf eine eigene Art ungewöhnlich! Es sind sowieso Menschen mit der Begabung, aus wenig viel zu machen. Die bevorzugten Farben sind Rot, Mitternachtsblau und Weiß.

Die Wohnung eines Löwen ist nicht ungewöhnlich, sie ist umwerfend! Natürlich, wenn schon nicht in einer Villa oder einem Palais, so doch wenigstens im obersten Stockwerk. Sie lieben den Prunk, das Auffällige und es muss sich von dem, was andere haben, maßgeblich unterscheiden. Wichtig ist: Es muss hell und weit ausladend gestaltet sein. Licht und Sonne sind für diese Menschen unerlässlich. Im Gegensatz zum Widder richtet sich der Löwe fürs Leben ein. Löwen sind Familienmenschen, brauchen und schätzen es, ein Zuhause zu haben. Sie siedeln ungern bzw. es löst sogar eine Art von Panik in ihnen aus, wenn sie eine Ortsveränderung erfahren. Daher ist es wichtig, dass im Heim wenigstens ein elementares Stück aus der alten Welt mitgenommen wird, um so doch wieder leichter Fuß zu fassen. Die Farbe des Löwen ist Gold!

Schützen sind nicht ganz so nomadenhaft wie die Widder, aber auch sie lieben die Veränderung. Vor allem, wenn dies mit Reisen verbunden ist. Es sind jene unter uns, die mehr Zeit ihres Lebens im Hotel verbringen als anderswo und dabei aber keinesfalls unglücklich sind. Schützen haben einen sehr guten und ausdrucksvollen Geschmack. Sie umgeben sich mit sehr harmonischen Farben, lieben das Spiel mit dem Licht, Glas und Spiegelvariationen in jeder Form. Die Küche ist gut und modern ausgestattet. Schützen sind die Alchemisten unter uns, sie kochen gern, gut und meist exotisch oder doch zumindest italienisch!

Thomas Huber

FREIZEITHELDEN

5 FRAGEN ZUM TREND:

WAS SIND EIGENTLICH FREIZEITHELDEN?

Freizeithelden befriedigt nichts mehr, als Hand anzulegen. Am besten in den eigenen vier Wänden. Denn das eigene Heim ist für diese Gruppe das Sinnzentrum des Lebens und zugleich ein Langzeit-, wenn nicht sogar ein lebenslanges Projekt. „Es gibt immer was zu tun", dieser Slogan eines Heimwerkermarktes bringt die Einstellung auf den Punkt. Nichts ist schöner als Verschönerungen, vor allem, wenn sie selbst gemacht werden und zudem wenig kosten.

WAS STECKT DAHINTER?

Hinter dem Wunsch der Freizeithelden, also der Menschen, die am Wochenende statt am PC lieber an der Betonmaschine stehen, stecken nicht so sehr reale Einschränkungen des Geldes als vielmehr der Wunsch, etwas Sinnvolles und Befriedigendes zu tun. Freizeithelden sind also nicht unbedingt die klassischen Discountkäufer, sie wollen nur selbst dabei sein, wenn etwas entsteht. Der Aspekt von Autarkie, der Unabhängigkeit von Dritten, ist in diesem Verhalten nicht zu unterschätzen. Allerdings sind Freizeithelden durchaus offen für intelligente Mischkonzepte, denn dieser kompetente Verbrauchertyp ist sich seiner Grenzen zumeist durchaus bewusst. Eine Chance für clevere Handwerker.

WIE ERKENNE ICH KLASSISCHE FREIZEITHELDEN?

Der klassische Freizeitheld ist sicher mit Leichtigkeit im Baumarkt zu finden. Hemdsärmelig, mit Spaß an Werkzeugen und Maschinen, eher experimentell und selbstbewusst, zumeist gut informiert und entscheidungsfreudig. Er kann Qualität durchaus erkennen und weiß auch um die Vorteile echter Profiarbeit. Er denkt projektorientiert und hat vor allem Interesse am Prozess des Entstehens, kreative Weiterentwicklung liegt voll auf seiner Linie, Beratung schätzt er vor allem, wenn er als gleichwertig angesprochen wird.

WIE GROSS IST DIE ZIELGRUPPE?

Freizeithelden und Homing-Konsumenten (siehe auch dort) lassen sich als gemeinsame Gruppe mit vielen Überschneidungen auf rund 12,2 Millionen Bürger oder 19 % der Bevölkerung taxieren, laut Zukunftsinstitut und TNS Emnid. Der Hauptteil ist zwischen 30 und 49 Jahre alt, rund 17 % sind Frauen. Als selbstbewusste, gut informierte Konsumenten sind sie gegenüber den hergebrachten Marketingmaßnahmen relativ unempfänglich. Über Veranstaltungen und Empfehlungsmarketing sind sie besser anzusprechen.

WIE STABIL IST DER TREND?

Unsichere gesellschaftliche Verhältnisse und die voranschreitende Virtualisierung der Arbeitswelt in vielen Berufen werden in Zukunft sicher weiteres Potenzial schaffen für Sinnsuche im Basteln und Heimwerken. Der Wunsch nach Autarkie ist vor allem bei Frauen ein Grund, sich verstärkt mit Heimwerkerthemen zu beschäftigen, in denen sie traditionell bisher schwach vertreten waren.

Dr. Bernd W. Dornach

Welche Folgen hat der Trend für das Handwerk?

Die Freizeithelden begannen ihren „Siegeszug" parallel mit der Eröffnung der großen Bau- und Heimwerkermärkte in den 60er Jahren. Seither haben sich die Do-it-Yourselfer gemeinsam mit den Baumarktketten gegenseitig zu einem Geschäftspotenzial aufgeschaukelt, das fast vor keiner Tätigkeit mehr Halt macht.

Sicher ist, dass das Handwerk diesen Mega-Markt eher weniger bearbeitet hat. Auch diverse Versuche der Baumarktbetreiber, die Handwerker in die Vermarktung zu integrieren, sind in der großen Mehrheit der Fälle gescheitert. Wenn in diesem Buch häufig von Lebensqualitäts- und Wohlfühltrends die Rede ist, so darf dennoch nicht vergessen werden, dass auch die kostengünstigen Versorgungsproblemlösungen weiter auf dem Vormarsch sind. Hinzu kommt eine große Gruppe von Freizeithelden, die von schlechteren Erfahrungen mit Handwerkern elementar verschreckt sind und denen ein Handwerker nur noch in der allergrößten Not ins Haus kommt.

Eine weitere Klientel kommt gerade von der anderen Seite (wieder) auf das Handwerk zu: Der Frust vieler Freizeithelden über die schlechte Qualität der selbst ausgeführten Arbeiten lässt sie „reumütig" zum Handwerker zurückkehren.

Welche Chancen ergeben sich für das Handwerk?

Der größte Eroberungsmarkt bei den Freizeithelden ist die Handwerker-Heimwerker-Kooperation.

Der Markt ist deswegen sehr neu, weil bisher äußerst wenige Handwerker diesen Markt aktiv bearbeitet oder aus Angst vor teilweisem Umsatzverlust diesen Markt sträflich ignoriert haben.

Die Kunden kommen im Wesentlichen aus zwei unterschiedlichen Lagern. Die einen benötigen Hilfe, wenn sie selbst nicht mehr weiterwissen oder weitermachen wollen. Die anderen wollen ganz bewusst – weniger des Preises wegen – selbst mitarbeiten, um über den Kontakt zu einem verständnisvollen Handwerker ihrer persönlichen Selbstverwirklichung ein Stück näher zu kommen.

Auch zur Überwindung von „Einstiegsbarrieren" ist dieses Konzept bestens geeignet. Wenn das Vertrauen erst einmal da ist, kann ein umsichtiger Handwerker – speziell wenn er über einen Kollegenverbund zur Erledigung gewerkeübergreifender Leistungen verfügt – größere Geschäftspotenziale erschließen. Besonders interessant ist darüber hinaus die serviceorientierte Belieferung von Material.

Welche Risiken sind zu berücksichtigen?

Wenngleich die Rückeroberung der zu den Freizeithelden abgewanderten Kunden überfällig nahe liegend erscheint, birgt dieser Trend doch auch seine Gefahren.

Häufig ungeklärt sind die Fragen der Gewährleistung sowie einer genauen Abgrenzung des jeweiligen Tätigkeitsumfanges. Hinzu kommen die vielfältigen Gefahren beim unsachgemäßen Umgang mit Maschinen und Materialien. Diese Probleme multiplizieren sich, wenn nicht der Meister selbst dem Do-it-Yourselfer zur Hand geht, sondern eher unerfahrene Mitarbeiter.

WELCHES KONKRETE BEISPIEL GIBT ES ZUR UMSETZUNG?

Handwerker-Risiken beim Eigenbau

Nach einer Information der Fachzeitschrift „Der Wirtschaftsredakteur" (Heft 18/2002) packen bereits 8 von 10 Bauherren in Deutschland selbst mit an, wenn es um die Errichtung der eigenen 4 Wände geht. Nicht selten greifen dabei auch Angehörige, Freunde oder Nachbarn zu Malerpinsel, Maurerkelle oder gar schwerem Baugerät, um unentgeltlich mitzuhelfen.

Allerdings sind mit diesen Eigenleistungen erhebliche Risiken verbunden, warnt die LBS Bayerische Landesbausparkasse in München.

Verunfallt der Bauherr nämlich beim Hantieren auf seiner Baustelle, steht er nach einem Urteil des Bundessozialgerichts (AZ: B2 U21/97 R) nicht unter dem Schutz der gesetzlichen Unfallversicherung. Der Bauherr ist, so urteilten die Richter bei einem Betroffenen, bei solchen Aktivitäten vielmehr unternehmerisch tätig und muss deshalb sein Verletzungsrisiko durch den Abschluss einer privaten Unfallversicherung oder der freiwilligen Anmeldung bei der Berufsgenossenschaft absichern. Für mithelfende Familienangehörige, Freunde oder Bekannte besteht – gesetzlich vorgeschrieben und unabhängig von einer Entlohnung – übrigens in jedem Falle eine Anmeldung bei der Baugenossenschaft. Komplizierte rechtliche Probleme, so die LBS Bayern, können bei Eigenleistungen jedoch auch im Verhältnis zu den professionellen Baupartnern entstehen. Beispielsweise dann, wenn Mängel auftreten und sich nicht eindeutig nachweisen lässt, dass diese vom Bauherrn oder Handwerker zu vertreten und deshalb im Rahmen der Gewährleistungsgarantie zu beseitigen sind. Dagegen hilft nur eine saubere, mit den beauftragten Handwerksbetrieben abgestimmte Dokumentation.

Weitere Informationen zur zielorientierten Positionierung des Handwerkers im Segment der Handwerker-Heimwerker-Kooperationen enthält ein Erfolgspaket, das bei UNI MARKETING abgerufen werden kann (www.uni-marketing.de/soforthilfe.htm).

Thomas Huber

5 FRAGEN ZUM TREND: EXTREMGESTALTUNG

WAS IST EIGENTLICH EXTREMGESTALTUNG?

Übertreibung und Überspanntheit als Geschmacksprinzip. Auf diesen Nenner lässt sich der Extremgestaltung-Trend bringen. Laut, billig und übertrieben zu sein ist gut, ein Affront gegen alle geltenden Werte der Bildungsbürgergesellschaft. Urlaub am Ballermann, Fernsehserien wie beispielsweise Dschungel-Camps mit Intrigen, übler Nachrede und Ekel-Aufgaben. Getunte Autos, Wohnungen im 70er-Jahre-Stil mit großblumigen Tapeten – Extremgestaltung erfindet immer wieder neue Formate, um die Leute zu empören und damit auf sich aufmerksam zu machen.

WAS STECKT DAHINTER?

Grenzen zu sprengen, sich abzugrenzen vom herrschenden Konsens bleibt ein wichtiger Wunsch, um seine eigene Person zu definieren. In einer Gesellschaft, die (vermeintlich) keine Standesgrenzen mehr setzt, sind es eben die Geschmacksgrenzen, die man überschreitet, um aufzufallen. Entweder in den Medien, indem man Themen liefert, die die Allgemeinheit erstaunen (Vaterschaftstests vor der Kamera, „Frauentausch", dusseliges Verhalten beim Hausbau), oder indem man sich zu Einstellungen bekennt, die an sich negativ besetzt sind (Stichwort „Geiz ist geil").

WIE ERKENNE ICH EXTREMGESTALTER?

Extremgestalter lieben es aufzufallen. Was andere hässlich finden, kann für sie „schon wieder schön" sein. Schnell muss es gehen und einen sichtbaren, lauten Effekt nach außen haben. Das kann die wilde Frisur sein, das gigantische Home-Entertainment-Center oder das Extremtuning am Auto. Übertriebener Heimatkitsch am Bau passt ebenso wie die neu aufgelegte 70er-Jahre-Tapete, Glasbausteine oder das Gartenzwergpanorama. Hauptsache, es ist möglichst übertrieben und auffällig. Dezenter Luxuskonsum interessiert diese Klientel kein bisschen. Bunte Dächer mit „Schalke-04-Deckung" und andere Bekenntnisorgien untermauern die Tatsache, dass Extremgestalter sich gerne mitteilen.

WIE GROSS IST DIE ZIELGRUPPE?

Nach Schätzungen des Zukunftsinstituts dürften sich rund 3 bis 4 % der Bundesbürger, also rund 2 bis 3 Millionen Menschen, zu dieser Zielgruppe rechnen. Extrem-Konsumenten sind in großer Mehrzahl fernsehaffin. Entgegen der ursprünglichen Vermutung sind sie wertkonservativ, denn sie bleiben stets innerhalb der geltenden Strukturen, auch wenn sie sich nach außen dagegen auflehnen.

WIE STABIL IST DER TREND?

Extremgestaltung hat in den vergangenen Jahren stets in Wellen zugelegt. So lange sich das Gesellschaftsmodell nicht grundlegend ändert und Andersartigkeit mit Strafandrohung belegt, wird dieser Trend weiter stark bleiben. Allerdings ist ein extremes weiteres Anwachsen nicht zu erwarten, da starke Strömungen weg von einer „Jeder-macht-was-er-will"-Haltung hin zur Suche nach einem neuen Konsens zu bemerken sind und die mediale Ausschlachtung der Themen schon sehr weit vorangeschritten ist.

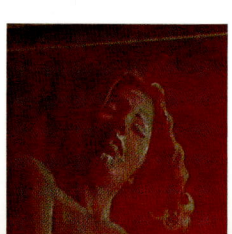

Di. Bernd W. Dornach

WELCHE FOLGEN HAT DER TREND FÜR DAS HANDWERK?

Hinter den „Extremgestaltern" scheint sich gerade in Deutschland eine signifikante Zielgruppe zu verbergen, die für bestimmte Gewerke durchaus weitreichendere Folgen haben könnte.

Objektiv ist es ohnehin sehr schwer zu entscheiden, was schlechter und was guter Geschmack ist. Für den einen ist die großformatige Blümchentapete eben absolut „in", bei den anderen gilt es als absichtliches Mittel der Konfrontation. Wieder andere nutzen das Stilelement nur, um überhaupt

noch aufzufallen. Und warum sollen sich bestimmte Leute nicht tatsächlich dabei wohl fühlen und in Träumen schwelgen können?

Fakt ist, dass die diversen Ausprägungen der Extremgestaltung auf jeden Fall herausragend zur Alleinstellung im Handwerk geeignet sind. Und damit wäre zumindest eine der diversen Marketingaufgaben schon erledigt – noch dazu, wenn man damit wenigstens auffällt.

WELCHE CHANCEN ERGEBEN SICH FÜR DAS HANDWERK?

Extremgestaltung ermöglicht für die betroffenen Handwerker und Konsumenten ein hohes Maß an Identifikation. Das gegenseitige „Zusammenpassen" muss dabei ziemlich weit fortgeschritten sein, weswegen sich auch im preislichen Bereich großzügigere Verhandlungsspielräume ergeben. Hinzu kommt, dass es sich bei der jeweiligen Ausprägung häufig nur um Teilfacetten einer bestimmten Zielgruppe handelt, diese Facette aber im Gegensatz zu anderen Lebensbereichen dann außergewöhnliche Bedeutung hat.

Konsumenten des Extremgestaltung-Trends sind deswegen sogar besonders für handwerkliche Individuallösungen geeignet, die es nicht von der Stange gibt. Gehen Sie deshalb mit ihren Kunden ruhig „auf die Reise" und inszenieren Sie außergewöhnliche Umsetzungen. Gerade wenn Sie Ihre Kunden im Hobbybereich erreichen und dafür sogar Verständnis zeigen, lassen sich außergewöhnliche Problemlösungen anbieten.

WELCHE RISIKEN SIND ZU BERÜCKSICHTIGEN?

„Wer nicht auffällt, fällt weg" lautet eines der Marketing-Erfolgsrezepte der Zukunft. Das Risiko dabei, mit einem Kunden die übrige Klientel zu verunsichern, ist meist geringer, als die positiven Effekte der Aufmerksamkeit. Zudem laufen viele Problemlösungen für diese Zielgruppe ja nicht zwangsläufig im öffentlichen Bereich ab. Dort, wo Sie gemeinsam mit Ihren Kunden die Einschaltung der Öffentlichkeit abstimmen (sehr wichtig!), haben Sie garantiert bei

der Extremgestaltung eine schnellere und effektvollere Presse, als mit „braven" Themen.

Für die breite Masse der Handwerker ist dieser Trend sicher klein und unvereinbar mit dem üblichen Geschäftsgebahren. Für einige wenige Handwerker, gerade der jüngeren Generation, könnte das jeweilige Geschäftspotenzial durchaus interessant sein.

WELCHES KONKRETE BEISPIEL GIBT ES ZUR UMSETZUNG?

Ohne Spaß gibt es keine Kunst!

Wandmalerei begleitet seit den Höhlenmalereien über alle Epochen hinweg die menschliche Kultur. Von der industriellen Tapetenherstellung Ende des 19. Jahrhunderts zunehmend verdrängt, erobert sie heute in Zeiten anonymer Massenwaren ihren Raum zurück. Als Zeichen individuellen Ausdrucks sowohl im privaten Umfeld als auch in öffentlichen Bereichen.

Das Atelier Allgaier (www.atelier-allgaier.de) hat sich seit nahezu 20 Jahren dieser traditionsreichen Kunst verschrieben. Hunderte von Wand-, Raum-, und Objektgestaltungen zeugen von den vielseitigen Möglichkeiten, die eine zeitgemäße Wandmalerei bietet.

Spezialisiert hat sich das Atelier Allgaier auf Illusionsmalerei mit technisch perfekter Perspektive. Souverän wird mit phantastischen Ein- und Ausblicken, mit der Anwesenheit des Abwesenden gespielt. Wo vormals begrenzende Wände den Blick verwehrten, eröffnen sich Traumwelten, welche Stimmung und Wohlbefinden positiv beeinflussen. Welche individuellen Vorstellungen und Bedürfnisse auch den Wunsch nach einer Veränderung des Umfeldes hervorrufen, das Atelier Allgaier hat es sich zum Ziel gesetzt, eine atmosphärische Verbindung zwischen der menschlichen Seele und der funktionalen Architektur zu schaffen.

Für den Maler mit den üppigen schwarzen Locken gehört zur Arbeit auch der Spaß. Aber Arbeit ist es allemal. Ulrich Allgaier und seine Frau Regina sind nicht selten wochenlang von früh morgens bis spät abends mit Farbtopf und Pinsel zu Gange und erfah-ren dabei sehr viel über die Wünsche ihrer Kunden. Glücklich sind diese, wenn der Kunde den kreativen Autodiktaten möglichst freie Hand lässt. *„Das Bedürfnis des Menschen, sich durch phantasievoll dekorierte Räume inspirieren zu lassen, ist uralt und dennoch immer noch aktuell."* Gute Wandgemälde entführen den Betrachter in die Welt der Illusionen, schaffen Raum und Weite.

Jeder „Allgaier" ist zugleich ein Unikat, denn die Decken- und Wandmalereien sind nicht reproduzierbar. *„Unser Ziel ist es, mit unseren Werken kleine Inseln der Schönheit für Geist und Seele zu kreieren – Träume zu malen, die sich in der Realität nicht erfüllen lassen."* Ulrich Allgaier sieht jeden Auftrag als neue Herausforderung. Das ausgezeichnete Renommee des Ateliers ermöglicht eine „angemessene Preisgestaltung", wie es Regina Allgaier diplomatisch ausdrückt.

Geflügelte Wesen sind das Markenzeichen der Allgaiers. Diese sind häufig zu finden im Atelier Allgaier in Krautheim-Neunstetten, sei es der große Engel an der Wand des auffälligen Gebäudes, das Tor zum Garten, das ein Engel ziert, oder die fabelhaften Figuren auf vielen der ausgestellten Bilder oder der Engel als Logo auf den Geschäftsdrucksachen.

Werbung haben die Allgaiers jetzt nicht mehr nötig, denn die meisten Aufträge kommen über Empfehlungen oder durch die Zusammenarbeit mit Einrichtungsbetrieben und Innenarchitekten: „Breit gestreute Werbung bringt nichts, der persönliche Kontakt zu den Kunden ist entscheidend!", betont Ulrich Allgaier. Er schätzt die direkten Kundengespräche, die sich auf Messen ergeben.

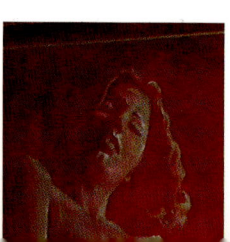

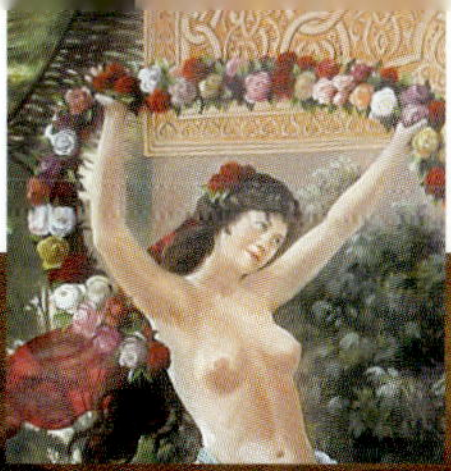

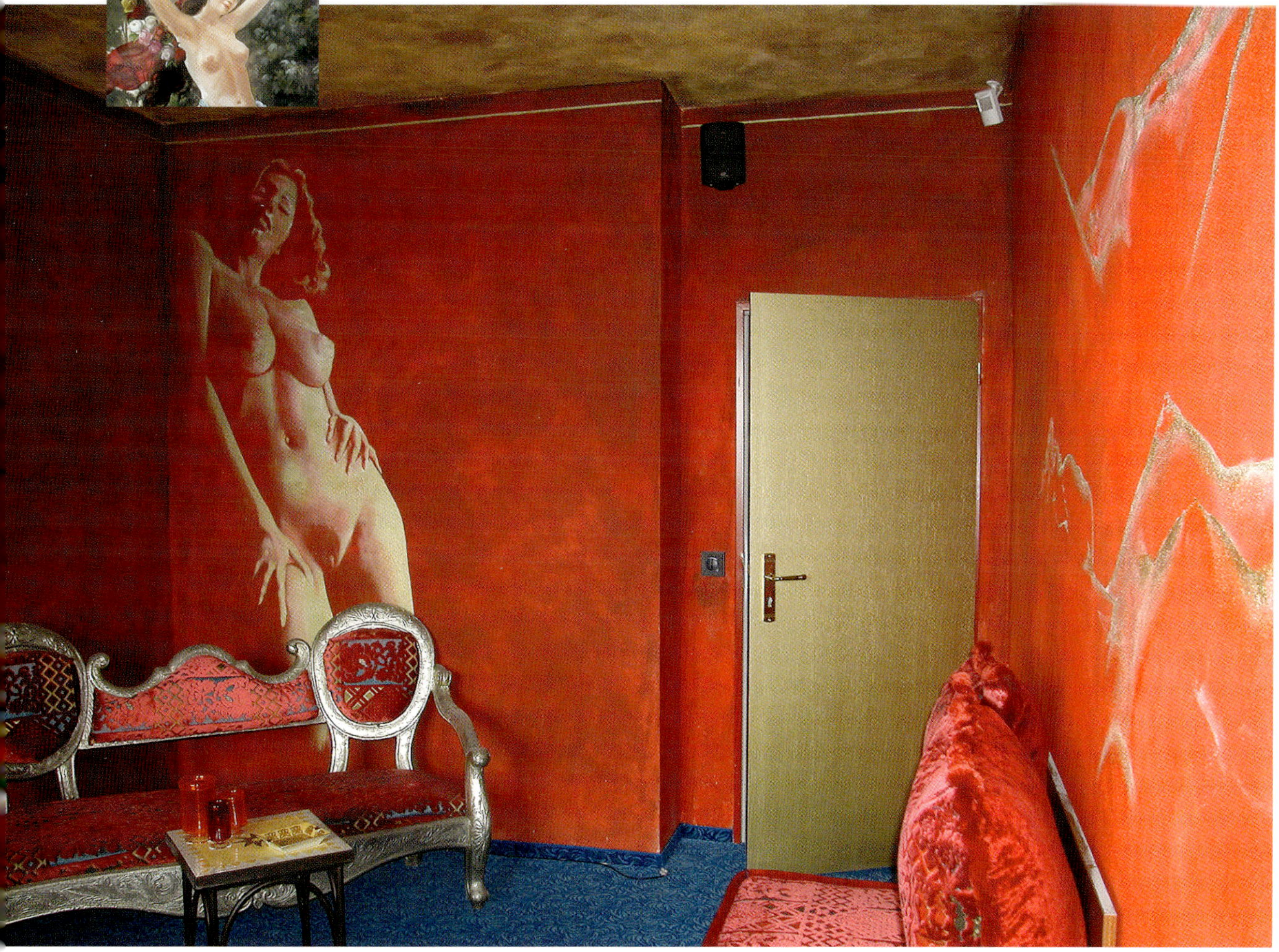

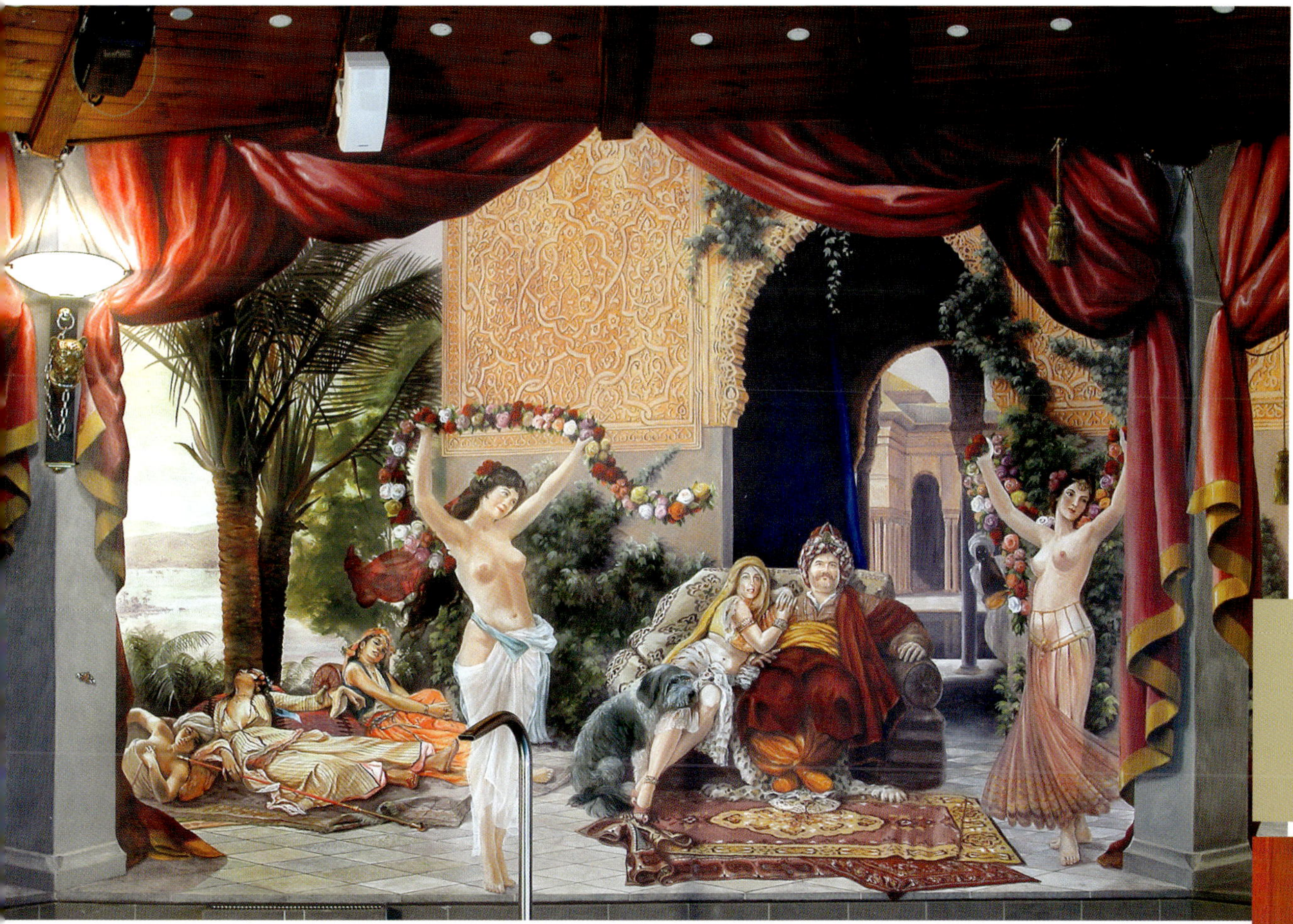

Thomas Huber

5 FRAGEN ZUM TREND:

DAS DENKENDE HEIM

WAS IST EIGENTLICH DAS DENKENDE HEIM?

Die Technisierung hat unsere Gesellschaft in allen Bereichen tief greifend verändert: Nur im Haushalt gibt es noch viel aufzuholen. In den Jahren bis 2010 wird in den Haushalten verstärkt elektronisch aufgerüstet. Das Home-Entertainment-Center verbindet Audio- und visuelle Unterhaltung, selbstverständlich ohne Kabel. Vom Auto aus lassen sich die vernetzen Funktionen des Hauses kontrollieren und steuern, schon im Haus werden die Staumeldungen abgerufen. Bei der Gebäudeautomation (Beleuchtung, Heizung, Alarmanlagen) über Funktechnik ist ebenso Wachstum zu erwarten wie bei Haushaltsgeräten, die über das Stromkabel kommunizieren (Powerline-Technologie).

WAS STECKT DAHINTER?

Die ersten Versuche des vernetzen Hauses waren noch Anlass zum Spott (etwa über das vollcomputerisierte Haus von Bill Gates), doch die Tendenz des modernen Menschen, möglichst viel Kontrolle über sein individuelles Umfeld zu erhalten, das erhöhte Bedürfnis nach Schutz (siehe auch Trend „Homing") und die Auflösung der Trennung von Arbeit und Beruf fördern die Vernetzung im Eigenheim. Wie erfolgreich solch eine Technologie sein kann, wenn sie nur richtig „verpackt" ist, zeigt der Vormarsch der Bewegungsmelder ins Wohnumfeld. Gearbeitet wird bereits an einer Menge von Dingen, die das zukünftige Heim komfortabler machen: Möbeltextilien, die sich selbst reinigen; Geschirrhersteller (statt -spüler), die auf der Basis des Rapid Prototyping basieren; Löffel, die allergieauslösende Stoffe im Essen erkennen; Herde, die per Kamera den Zustand eines Bratens auch außerhalb der Küche überwachen lassen; separate externe Zugänge zum Kühlschrank für Heimlieferungen (gekühlte und geheizte Fächer). Jede Menge Technologie, die im Haus eingebaut und installiert werden muss.

WIE ERKENNE ICH DAS DENKENDE HEIM?

Bis heute sind die realen Umsetzungen vor allem im gewerblichen Bau, in der Sicherheits- und Überwachungstechnik sowie im Bereich der Regelungstechnik vorzufinden. In den nächsten Jahren lassen sich aber hier im Markt der Eigenheime neue Geschäftsfelder erschließen.

WIE GROß IST DIE ZIELGRUPPE?

Der Markt für denkende Häuser wird bis 2010 zweistellig wachsen. Studien rechnen mit einem weltweiten Umsatzwachstum von 185 Millionen Dollar bis auf 400 Millionen Dollar im Jahr 2009. Laut einer Studie der Beratungsfirma Media Transfer AG wünschen sich 75 % der Deutschen, in einem denkenden Heim zu wohnen. Allein in Europa geht man von 165 Millionen interessierten Haushalten aus.

WIE STABIL IST DER TREND?

Die Jahre bis 2010 werden ein rasantes Wachstum in Bezug auf denkende Häuser bringen, denn die Technisierung der Eigenheime wurde in den vergangenen Jahren eher stiefmütterlich behandelt. Insofern gibt es hier großen Nachholbedarf.

Dr. Bernd W. Dornach

WELCHE FOLGEN HAT DER TREND FÜR DAS HANDWERK?

Die Defizite bei der Technisierung der privaten Haushalte in den letzten Jahren resultieren vor allem aus zwei Gründen: Einerseits ist nach unseren Erfahrungen selbst bei Zielpersonen, bei denen sich der Umgang mit dem Computer als völlig normal und alltäglich verselbstständigt hat, die Scheu vor der Investition in eine technologische Zwischenstufe noch groß. Andererseits haben es auch viele Handwerker bisher nicht genug verstanden, ausgereifte Technologien glaubhaft zu verkaufen. Leider wurden in der Vergangenheit dann mehrheitlich konventionelle Lösungen installiert, statt wenigstens Installationen anzubieten, die auf die nächste Technologiestufe vorbereitet sind, oder mit beispielhaften Teillösungen die Schwellenängste abzubauen.

Fakt ist, dass die Notwendigkeiten der Ökologie, die verstärkten Anforderungen an die Sicherheit sowie das größer werdende Komfortbewusstsein speziell bei den anteilig deutlich zunehmenden älteren Bevölkerungsgruppen den Markt beflügeln werden. Wie so oft werden dabei verschiedene Technologien im Auto für den späteren Einsatz im Wohnbereich hoffähig gemacht. Beispiele: Klimaanlage, kontrollierte Raumlüftung, Luftfilteranlagen, selbstverriegelnde Mechanismen, Keyless-go-Personenerkennung, automatische Konfiguration des Autos nach dem Fahrer, Licht mit Verzögerungsautomatik und vieles andere mehr werden bald im Wohnbereich Einzug halten.

WELCHE CHANCEN ERGEBEN SICH FÜR DAS HANDWERK?

Die zukünftigen Technisierungswellen des denkenden Heims haben für den Handwerker den großen Vorteil, nicht nur bei Störfällen gerufen zu werden. Die elektronische Aufrüstung bringt dem Handwerker echtes Neugeschäft in Häusern und Wohnungen, die von ihm traditionell nach der ersten Installation oder spätestens nach den Reklamationsbearbeitungen als „fertig" gegolten haben.

Aktive Marktbearbeitung heißt deshalb beispielsweise, alle ehemaligen Kunden systematisch bei den relevanten Technologiesprüngen zu reaktivieren

oder besser noch kontinuierlich zu coachen. Die im Heizungsbereich bewährten Wartungsverträge werden deshalb schon bald in der gesamten Haustechnik des Kunden erwartet. Ferndiagnosen und Ferneinwirkungsmöglichkeiten reduzieren die leidigen Kosten unproduktiver Anfahrtswege mit den bekannten Unabwägbarkeiten neuer Mitarbeiter bei alten Kunden. Dass in dieser „neuen Welt" uneingeschränkte Servicebereitschaft als Norm gilt, ist auch selbstverständlich.

WELCHE RISIKEN SIND ZU BERÜCKSICHTIGEN?

Der zuletzt genannte Aspekt der technokratischen Perfektion mit Wegfall menschlicher Unabwägbarkeiten wird sich schneller im Verbraucherdenken entwickeln, als die entsprechende Revolution im Handwerk absehbar ist. Deshalb sind die Risiken beträchtlich, dass dieses Segment von neuen Anbieterklassen und/oder durch die Industrie dominiert wird.

Sobald von der Industrie komplett vernetzte Haustechniksysteme vollständig aus einer Hand angeboten werden, ist der Weg nicht mehr weit zur zentralen Hotline, zum Call-Center und in der Konsequenz

auch zum industrieeigenen Montage- und Wartungsaußendienst, der das richtige Ersatzteil bereits bei der ersten Anfahrt an Bord hat und gleich das aktuelle Software-Update unaufgefordert vornimmt.

In der Summe einer großen Organisation ist es dann schon eher verzeihlich, wenn nicht immer der gleiche Ansprechpartner zur Verfügung steht oder die heiklen Probleme erst nach Einschaltung entsprechender Spezialisten geklärt werden.

WELCHES KONKRETE BEISPIEL GIBT ES ZUR UMSETZUNG?

Eine Entwicklung vom Pferdefuhrwerk, der anfänglichen Motorisierung über hoch entwickelte Autos mit der neusten Ausstattung im Trend der Technologien führte uns zum Autowohnhaus („Beetle House"). Genauso wie in der Automobilindustrie wird sich unserer Meinung nach der gehobene Wohnbau entwickeln, der vor allem im Haustechnikbereich seine Höhepunkte haben wird.

Warum soll nicht der Megatrend der Autoindustrie mit dem Wohnbau verglichen werden? Warum ist ein Auto wirklich ein Auto oder was macht ein Haus zu einem Haus? Was macht ein modernes Haus zu einem modernen Haus?

Hinter dem abgebildeten Wohnhaus, welches von seiner Optik einem VW Beetle gleicht und nicht einem Haus, steht auch die Idee der schnelllebigen hochtechnisierten Entwicklung der Automobilbranche. Es wurde hier ein Trend vom Auto zum Wohnen gedanklich übertragen und nachvollzogen. Obwohl es noch einige Überzeugungskraft braucht, dass ein Haus ebenso wie ein Auto eine Klimaanlage mit kontrollierter Wohnraumlüftung braucht, die Funktionen wie Auspuffrohre als Griller, Gaupen als Außenbeleuchtung, Hutablage als Bett, Tür als Belichtungsflächen und Solarspeicher sowie Sonnenschutz, Kühlergrill als Sonnenschutz sowie Windschutzscheibe als Regenschutz für die Terrasse einfach logisch und klar sind, haben zahlreiche Besucher schon laut über die Wünsche und Träume nachgedacht.

„Unter dem Aspekt der immer älter werdenden Bevölkerungsstrukturen sind nachträgliche Lifteinbauten und eine behindertengerechte Ausstattung die Basis für die Planung eines Hauses", so Stadtbaumeister Ing. M. Voglreiter, der das „Beetle House" geplant hat.

Das Problem von den gewohnten Gepflogenheiten und Strukturen nicht abzuweichen und neue Problemstellungen auch nicht aufzugreifen, prägt noch das Handwerk. Fragen wie, „Was macht ein Haus zu einem Haus, was macht ein Auto zu einem Auto und wie hat was auszusehen, um in ein Muster zu passen?", stellt sich kaum jemand. Wollen wir nicht alle individuell sein, wollen wir uns nicht von anderen abheben?

Viele wollen es, doch wenige schaffen es wirklich. Der Trend, anders zu sein als all die anderen, wird jedoch auch geprägt von Entwicklungen, die sich abzeichnen. Bequemlichkeit, die Sorge der Versorgung im Alter und damit der Wunsch, möglichst komfortabel und möglichst lange in den eigenen 4 Wänden zu bleiben, steigt.

Das „Beetle House" in Salzburg, von Stadtbaumeister Ing. M. Voglreiter realisiert, ist deshalb ein weltweiter Erfolg, weil es uns, im Hinblick auf den Wunsch sich abzuheben, modernste Ausstattung zu besitzen und alle Raffinessen zu haben wiedergibt. Es geht auch darum, ein Gebäude möglichst lange nutzen zu können. Beim „Beetle House" wurde unter anderem die Möglichkeit geschaffen, möglichst rasch – innerhalb von 2 Tagen – einen Stockwerkslift zu aktivieren. Um die Zukunft zu signalisieren, wurde ein digitales Autowohnhaus entwickelt, das sogar durch die Stadt Salzburg fährt.

Dass das „Beetle House" immer noch ein sensationeller Erfolg ist, kommt zusammenfassend aus einer Emotion heraus, welche viele Menschen in sich tragen.

Thomas Huber

5 Fragen zum Trend: HOMING

Was ist eigentlich Homing?

Hinter dem Begriff Homing verbirgt sich die Hinwendung der Konsumenten nach innen, die Aufwertung der 4 Wände zum Inbegriff des sicheren und lebenswerten Ortes. Das umfasst eine steigende Bereitschaft, sich das Heim so angenehm wie möglich zu gestalten, aber zugleich auch den Wunsch, es durch Sicherheitstechnologie fast wie eine Festung kontrollierbar und uneinnehmbar zu machen.

Was steckt dahinter?

Grundmotiv ist die Suche nach Sicherheit und Geborgenheit in einer Welt, die Tag für Tag als unsicherer empfunden wird. Angst um den Arbeitsplatz, Strukturkrise in Deutschland, terroristische Bedrohung, alles scheint immer gefährlicher zu werden. Hinzu kommt die immer abstrakter werdende Technologie- und Arbeitswelt. Daraus folgt die Suche nach Sicherheit und Geborgenheit – nach Orten also, an denen Stabilität herrscht und man die Dinge selbst in der Hand hat: dem Heim. Dazu passt die Erkenntnis, dass immer mehr Menschen immer mehr Zeit zu Hause verbringen: in den USA beispielsweise erzielen Bringdienste (etwa für Pizza o. Ä.) heute schon mehr Umsatz als die Gastronomie.

Wie erkenne ich Homing-Konsumenten?

Homing-Konsumenten sind eher ängstliche Gemüter. Überwachungs- und Meldesysteme stehen hoch im Kurs, man liebt es massiv, blickdicht und einbruchssicher. Im Inneren darf es dann gerne warm und gemütlich sein, erkennbar etwa an einer Präferenz für Holz und Naturstein, Kamine, Kachelöfen und Fußbodenheizung. Allerdings kommt durchaus auch Technologie zum Einsatz, so lange sie nicht kalt-technoid wirkt und Sicherheitsreserven schafft. Bis heute sind die realen Umsetzungen vor allem im gewerblichen Bau, in der Sicherheits- und Überwachungstechnik sowie im Bereich der Regelungstechnik vorzufinden. In den nächsten Jahren lassen sich aber hier im Markt der Eigenheime neue Geschäftsfelder erschließen.

Wie groß ist die Zielgruppe?

Zusammen mit den Freizeithelden (siehe auch dort) umfasst diese Zielgruppe nach der Umfrage des Zukunftsinstituts 12,2 Millionen Bundesbürger. Dies entspricht rund 19 % der kaufrelevanten Bevölkerung. Genauere Differenzierungen gibt es zahlenmäßig nicht. Allerdings dürfte die Zielgruppe der Homing-Konsumenten einen erheblichen Anteil an der Gesamtzahl verkörpern.

Wie stabil ist der Trend?

Seit Jahren wächst die Zahl der Homing-Konsumenten und wird vor dem Hintergrund steigender Unsicherheit in Bezug auf Altersvorsorge und klassische Kapitalvorsorge weiteren Zulauf erhalten. In der Menge der Neubauten wird sich dies dennoch nicht markant niederschlagen, denn hier gehen Marktbeobachter eher von einer Stagnation für die kommenden Jahre aus. Zunehmen werden jedoch die Umbauten und Sanierungen von Altbestand und die höherwertige Ausstattung von Eigenheim und Wohnung.

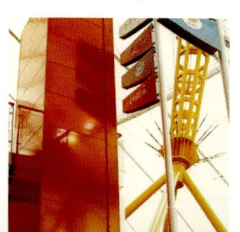

Dr. Bernd W. Dornach

WELCHE FOLGEN HAT DER TREND FÜR DAS HANDWERK?

Trends erscheinen manchmal unter vielen Namen. Faith Popcorn hat als eine der großen amerikanischen Trend-Forscherinnen diesen für das Handwerk überproportional wichtigen Trend bereits in den 80er Jahren mit dem Wort Cocooning bezeichnet. Es gab wohl keine Frauen- und Wohnzeitschrift, die nicht gerade diesen von Faith Popcorn vom Wort „Kokon", dem Gespinst der Seidenraupe, abgeleiteten Trend zum Gegenstand umfangreicher Erfolgsberichte gemacht hätte.

Cocooning ist eigentlich kein Trend mehr, sondern längst praktische Realität: Der Hang zum „Einspinnen" im eigenen Heim als letzte noch kontrollierbare Umgebung. Die Ursachen für eine weitere Zunahme dieses Trends sind offensichtlich: steigende Kriminalität, Zunahme von Virusinfektionen und Allergien, zunehmende Home-Service-Angebote, Fernsehbequemlichkeit, Abschottung von der Gesellschaft u. v. m.

Cocooning beflügelt alle Handwerksbranchen, die sich konsequent um die Themen gemütliches Wohnen, Sicherheit und Service zu Hause kümmern. Die Reichweite geht von allen Bau- und Ausbauunternehmen über Alarmanlagen- und Fenstergitterproduzenten bis hin zu Wartungsspezialisten aller Wohnbereiche sowie der gesamten Haustechnik. Unterstützen Sie durch Ihre Angebote den Wunsch zur gemütlichen Kuschelfähigkeit.

WELCHE CHANCEN ERGEBEN SICH FÜR DAS HANDWERK?

Homing ist aktueller denn je! Zwischenzeitlich wurde beispielsweise die Branche der (T)Raumausstatter geradezu von einem Boom überrollt. Es gibt jedoch wohl kaum eine Branche im Handwerk, in der sich (unzufriedene) Mitarbeiter renommierter Firmen „über Nacht" selbstständig machen, einige Kunden mitnehmen und anschließend versuchen, mit höchsten Preisniveaus (der Markt gilt generell als sehr intransparent und noch wenig „aldisiert") anspruchsvolle Aufgaben im Alleingang zu „meistern".

Ein Teil der Handwerker vergisst dabei, dass dieser Trend sich immer mehr oder weniger in der Privatsphäre der Kunden abspielt, die gerade für die interessanteste Kundenklientel bekanntlich „heilig" ist und deshalb bei sensibler Beachtung und psychologisch ausgeprägter Menschenkenntnis die echten Chancen perfekter Beratung und Betreuung bietet. Und dies noch dazu möglicherweise in einer lebenslangen oder sogar generationsübergreifenden Beziehung.

WELCHE RISIKEN SIND ZU BERÜCKSICHTIGEN?

Für die Arbeiten der Homing-Handwerker hat sich in manchen Fachveröffentlichungen der Begriff „Bauen im Bestand", kurz BiB, eingebürgert, womit selbstverständlich alle Gewerke angesprochen werden. Als unverzeihlich gelten dabei folgende Fehler: Überzogene Beratung nach eigenem Geschmack (wobei es manchmal schwer ist, unterschiedliche Mehrpersonen-Entscheidungen zum Ausgleich zu bringen), Durchsetzung von Einrichtungsstilen oder Problemlösungen, die der Kunde nur aus Gutmütigkeit oder Großzügigkeit toleriert, unangekündigte Integration von unbekannten Mitarbeitern, die offensichtlich nur zeitweise angeworben wurden, unpraktische Lösungen für das Alltagshandling, Messfehler und Verarbeitungsmängel, fehlende Bedienungs- oder Pflegeanleitungen, Vernachlässigung subjektiver Befindlichkeiten der Entscheider und vieles andere mehr.

Auf ein besonderes Risiko sei beim Homing-Trend noch besonders hingewiesen: Top-Homing-Kunden sind (leider) meistens keine Referenzkunden für den Handwerker. Homing-Kunden möchten aus Prinzip zunehmend häufiger zu Hause „einfach ihre Ruhe haben".

WELCHES KONKRETE BEISPIEL GIBT ES ZUR UMSETZUNG?

Die „Aufzugmanufaktur" Riedl

Die Käufer von Industrieprodukten, wie z. B. einem Aufzug, sind in der Regel nicht die Konsumenten im herkömmlichen Sinne. Innerhalb unserer Gesellschaft findet sich jedoch eine unaufhaltsam wachsende Gruppe von Menschen, die der sog. älteren Generation angehören, und Personen, die einer eingeschränkten Mobilität ausgesetzt sind oder ausgesetzt sein werden.

Das „Homing"-Bedürfnis dieser Gruppen ist besonders ausgeprägt, da die Trennung von der Familie und dem gewohnten Umfeld sehr negative Auswirkungen sowohl auf die Psyche als auch auf die Physis der Betroffenen nach sich ziehen kann, ganz abgesehen von den finanziellen Dauerbelastungen der Beteiligten. Das Fazit daraus ist, dass der Vertikaltransport innerhalb des vorhandenen Umfeldes für die Betroffenen ein zentrales Thema bezüglich der zu erhaltenden oder zu verbessernden Lebensqualität ist.

Dieser „humanitären" Aufgabe widmet sich seit über 70 Jahren das Familienunternehmen Riedl aus dem Münchener Raum. Die Firma Riedl gestaltete einen sog. „Plattformlift" nach den Grundsätzen gemäß „Stand der Technik" (Europäische Maschinenrichtlinie). Dieser Lift ist besonders für den nachträglichen Einbau in bestehende Gebäudestrukturen geeignet.

Das Produkt Aufzug erfordert das Zusammenwirken von zahlreichen handwerklich geprägten Gewerken. Die „Aufzugmanufaktur Riedl" spezialisierte sich mit über 110 Fachleuten auf die Beratung, Ausschreibung und Ausführung wie auch auf die Überwachung des Einbaus.

Anhand der effektiv vorhandenen Einbausituationen wird die Optimierung sowohl der technischen als auch der wirtschaftlichen Möglichkeiten vorgenommen und dem Kunden zur Ausführung empfohlen. Die Zusammenführung der am Objekt beteiligten Gewerke wird unter strengsten Maßstäben auf Einhaltung der nationalen/internationalen sicherheitstechnischen und qualitativen Regelungen vorgenommen. Die Möglichkeiten einer ansprechenden Architektur werden ebenso geprüft wie die aus Gründen der Statik eines Bauwerkes sich ergebenden Grenzen der Machbarkeit zu beurteilen sind.

Die Ausführungsmöglichkeiten des „Plattformlifts" – in der Regel mit einem Schachtgerüst – sind vielfältig und reichen von einer einfachen Verkleidung des Schachtgerüstes bis zu einer optisch hervorragenden Lösung mittels transparenter Verglasung im Innen- und/oder Außenbereich eines Gebäudes. Die Größe des Schachtquerschnittes berücksichtigt den Platz für den Transport eines Rollstuhles und/oder begleitender Personen.

Als Besonderheit zeichnet das Unternehmen aus, dass in allen Phasen der Objektbetreuung ein hervorragender Service geboten wird. Kürzlich erhielt die Firma Riedl als erstes Aufzugsunternehmen in Deutschland das Zertifikat „Geprüfte Servicequalität", ausgestellt und nach strengsten Maßstäben konzipiert von der TÜV-Management Service GmbH sowie organisatorisch unterstützt durch die Optimierung der Geschäftsprozesse und Mitarbeiterschulungen durch die ALEA-Consulting.

Diese Auszeichnung bestätigt den Riedl-Kunden einen seriösen und fachgerechten Umgang mit den im Geschäftsprozess anfallenden Aufgaben und deren Lösungen. Das Riedl-Team unter sach- und fachkundiger Führung der Geschäftsführer Dipl.-Ing. Christoph Lochmüller und Dipl.-Ing. Peter Andrä stellt sich hierbei allen einschlägigen Fragen und Problemen. Näheres unter www.riedl-aufzuege.de bzw. www.riedl-plattformlift.de.

Thomas Huber

5 FRAGEN ZUM TREND:

NEUE FAMILIEN

WAS SIND EIGENTLICH NEUE FAMILIEN?

Die Familie ist plötzlich wieder in aller Munde. Die Menschen verbringen immer mehr Zeit in der Familie, wie eine Studie des Bundesfamilienministeriums („Wo bleibt die Zeit?") ergeben hat. Für junge Menschen bildet die Familie mit klarem Abstand das „wichtigste soziale Bezugssystem" – vor den Freunden. Die Wiederentdeckung der Werte und die Sehnsucht nach einer neuen Bürgerlichkeit führt auch zu einem verschärften Blick auf den Werteträger Nummer 1, die Familie. Denn immer klarer wird, dass sich das Projekt Individualisierung (siehe auch dort) nur beibehalten lässt, wenn sich zugleich auch zeitgemäße Formen für die Beziehungen im Hintergrund entwickeln.

WAS STECKT DAHINTER?

Die Suche nach zeitgemäßen Formen der Familie findet vor dem Hintergrund immer noch steigender Scheidungsraten und weitgehend aufgebrochener Familienverhältnisse statt: Lebensabschnittspartnerschaften mit „Halb-Söhnen" und „Quasi-Müttern" sind heute ebenso normal wie der Zustand der Patchworkfamilie, in denen Kinder über sechs oder mehr Großeltern verfügen. Die neue Familie muss daher einer hochkomplexen Realität aus flexibilisierter Arbeits- und Alltagswelt zwischen Kind und Karriere genügen, im gnadenlosen 7-Tage-24-Stunden-Rhythmus. Sie ist zu einer Managementaufgabe geworden, in der es gilt, eine Unzahl an Rollen und Anforderungen miteinander in Einklang zu bringen.

WIE ERKENNE ICH NEUE FAMILIENGRÜNDER?

Neue Familien verfügen oft über ein eng begrenztes Zeitkontingent, sind aber immer auf der Suche nach Lösungen, um sich dem neuen Projekt, Stabilität durch Familie, angemessen zu nähern: Die Familienanalyse 2002 konstatiert: 80 % der Paare ändern mit dem ersten Kind ihre Reiseziele, 69 % die Einrichtung und 60 % ändern ihr Ernährungsverhalten. Sie sind cleveren Dienstleistungsangeboten gegenüber sehr aufgeschlossen.

WIE GROSS IST DIE ZIELGRUPPE?

Noch ist die Geburtenrate deutschlandweit extrem niedrig. Gemeinden wie das nordrhein-westfälische Laer zeigen, wie dies mit umfassender Betreuung zu ändern wäre: Dort liegt die Geburtenrate bei 2,1 und damit über dem Wert, der verhindert, dass die Deutschen langfristig aussterben. In ersten Großstädten wie Berlin, München und Hamburg steigen die Geburtenraten ebenfalls wieder an. Die Zielgruppe der neuen Familien ist somit derzeit noch eher zahlenmäßig auf urbane Zentren begrenzt.

WIE STABIL IST DER TREND?

Rein rechnerisch dauert es rund 25 Jahre, bis sich das derzeitig Bevölkerungswachstum wieder ins Positive dreht. Allerdings sind die neuen Familienmodelle nicht ausschließlich über die Geburtenrate definierbar. Dieser Trend gehört mit Sicherheit zu den lang laufenden Trendbewegungen.

Dr. Bernd W. Dornach

WELCHE FOLGEN HAT DER TREND FÜR DAS HANDWERK?

Die wirtschaftlichen Probleme Deutschlands resultieren vor allem aus den bekannten, aber viel zu lange ignorierten soziodemographischen Veränderungen. Umgekehrt ergeben sich daraus neue Marktchancen, wenn den neuen Gegebenheiten endlich auch die richtigen Angebote folgen.

Die neuen Familien sind eine offensichtlich wachsende Realität, auf die sich bisher nur wenige Anbieter im Handwerksbereich eingestellt haben. Folgende Märkte öffnen sich beispielsweise durch die neuen Familien: Anspruchsvolle Kindermöbelprogramme zum Mitwachsen bis ins Studentenleben, pädagogisch wertvolles Spielzeug, das seine Werte über Generationen behält, variable Bau- und Ausbausysteme für wechselnde Familiengrößen und Lebensabschnittspartner, variable Einrichtungssysteme in Modultechnik mit Verkleinerungs- und Vergrößerungsaktion, Umbau der Wohnzimmer zu familientauglichen Räumen, insbesondere auch entsprechende Garten- und Terrassenlösungen, speziell auch „Urlaub auf Balkonien" und Wintergärten als Familientreff-Einrichtungen, eine Renaissance des gemeinsamen Frühstücks mit entsprechender Wohnküchengestaltung, Kombinationen von Spiel-, Fitness- und Medienräumen sowie v. a. m.

WELCHE CHANCEN ERGEBEN SICH FÜR DAS HANDWERK?

Wer sich heute mit Familiengründung, Nachwuchs oder neuen Lebensabschnittsmodellen beschäftigt, hat eine große Affinität zu Veränderungen. Diese Zielgruppe überwindet meist die geschäftshemmende Trägheit, indem sie nicht nur ihre eigenen Einstellungen, sondern auch das komplette Umfeld verändert.

Da hierbei die finanziellen Rahmenbedingungen nicht immer großzügig bemessen sind, steht die konkrete Preis-Leistungs-Relation häufig im Vordergrund der Kaufentscheidung. Ikea gehört sicher zu den Anbietern, die sich bei dieser Zielgruppe in Kombination mit einem kreativ-genialen Anspruch am besten etabliert haben. Oft ist bei diesen Zielpersonen auch der ernährungsphysiologische, gesunde, biologische Anspruch sehr hoch ausgeprägt, was beispielsweise die gesamte Holzhausbranche weiter beflügeln dürfte.

Noch ein Aspekt sollte nicht unerwähnt bleiben. Aufgrund der emotionalen Sicherheiten, welche die Entscheider aus dieser Zielgruppe benötigen, haben zuverlässige Marken dort einen ganz besonders hohen Stellenwert.

WELCHE RISIKEN SIND ZU BERÜCKSICHTIGEN?

Typisch für neue Familien sind mehrere Mitentscheider und eine eher hohe Bedeutung von Referenzen und Empfehlungen. Daraus ergeben sich 2 Risikobereiche, die es zu berücksichtigen gilt.

Mehrere Mitentscheider bedeuten viele Meinungen. In unserer Zeit der Ich-AGs und Egozentrik, die gerade auch bei den jungen Leuten schon überaus stark ausgeprägt ist, ergeben sich dadurch sehr komplexe Entscheiderstrukturen. Deshalb gilt es hier besonders, das handwerkliche Produkt gegen das fertige Kaufprodukt aus dem Möbelgeschäft etc. als familiäres „In"-Produkt positiv herauszustellen, Lifestyling entsprechend den Erwartungshaltungen zu bebildern und markentechnisch kompetent darzustellen. Natur, Lebensfreude, Gesundheit und dauerhafte Werte sind hier beliebte Motive.

Neue Familien fangen häufig mit wenig Erfahrungshintergrund oder hoher früherer Frustration „neu" an. Deshalb sind situationsgleiche Referenzen insbesondere aus diesem Umfeld und Empfehlungen aus der Nachbarschaft besonders wichtig. Oft entstehen gerade für die Zielgruppe der neuen Familien komplette Neubausiedlungen, in denen Handwerker ihre Leistungen gleich mehrfach vermarkten können.

WELCHES KONKRETE BEISPIEL GIBT ES ZUR UMSETZUNG?

Barbara Butler verwirklicht Spielträume

Barbara Butler wird nie erwachsen werden und genauso wollen es ihre hingebungsvollen Fans. Sie versteht sich als wahre „Renaissance-Frau", die ihr Leben dem Spaß und Abenteuer gewidmet hat: Sie kombiniert Kinderfantasien mit architektonischem Wissen, um eine verzauberte Welt in Hinterhöfen oder Kinderräumen zu erschaffen.

Barbara Butler baut Schlösser in den Himmel. Ihre Spielkreationen mit heimlichen Fluchttunneln, Strickleitern u. v. a. m. sind verrückt, lebendig, wild und farbenfroh. Genauso wie es sich die Kinder immer schon erträumt haben.

Das berühmteste Model, das so genannte Robin-Hood-Fort ist so konzipiert, dass ein Maximum an Spielspaß bei einem Minimum an Kosten entsteht. Gefolgt wird das Modell von der „Western-Ausgabe", wo man sofort Lust verspürt, Cowboy und Indianer zu spielen. Eine der letzten beiden engagiertesten Projekte von Barbara Butler waren beispielsweise ein Tunnel-/Spielplatz, welcher aussah wie ein weltumspannendes Dorf für Robert Redfords „Sundance Ressort" in Utah sowie ein 18-Foot-Turm für einen Hinterhof in Woodside, wo Robin Williams „Bicentennial Man" drehte.

Der Designprozess ist eine spaßige, kreative und synergetische Erfahrung. Die ganze Familie wird es lieben, von Anfang bis Ende eine einzigartige, langlebige Spiellandschaft zu erschaffen. Jede Konstruktion ist einmalig, hat beispielsweise geheime Verstecke, Fluchttüren, Schnitzereien und Möglichkeiten zum Klettern. Sowohl Körper als auch Geist erhalten hier Raum, sich zu entfalten.

Barbara Butler geht es bei ihren Kinderprojekten insbesondere darum, einen besonderen Ort zu schaffen, der stabil und sicher ist, einen eigenen Zauber hat und sich eindeutig von der Welt der Erwachsenen unterscheidet. Dies ist gerade heute in einer Zeit, in der Kinder ihren Spieldrang immer weniger ausleben können, so wichtig. Vor nicht allzu langer Zeit ging es in der Kindheit darum, mit Freunden zu verschwinden und eigene Aktivitäten auszuleben.

„In todays uncertain world, children's activities are programmed, and there's always an adult in charge. So there's great value in having an outdoor place of their own where children can grow physically, intellectually, and emotionally", so Barbara Butler. (www.barbarabutler.com)

Thomas Huber

5 Fragen zum Trend:

DIE KREATIVE KLASSE

Was ist eigentlich die kreative Klasse?

Unter der kreativen Klasse verstehen wir die Vertreter eines Lebens- und Arbeitsstils, wie er für die kommenden Jahrzehnte in vielen Bereichen tonangebend sein wird. Die kreative Klasse* bildet den produktiven Kern einer Wirtschaft des 21. Jahrhunderts, in der man mit der Ressource Kreativität neue Märkte schafft: durch Neudefinition von Märkten (etwa durch Zusammenlegen von Gewerken), durch eigene Innovationen, durch zeitgemäße Vermarktung und Kundenpflege.

Was steckt dahinter?

Die beginnende Wissensgesellschaft erfordert andere Fähigkeiten als früher – und schafft neue Karrierewege. Die Arbeit entkoppelt sich vom Ort und von der Zeit. Nicht mehr die Präsenz oder die Dauer der Arbeit entscheiden über die Bezahlung, sondern der kreative Effekt, etwas Neues zu finden, einen Unterschied zu erzeugen. Auf der einen Seite entstehen große Freiräume, denn die kreative Klasse definiert sich ihr Aufgabenfeld und ihr Berufsbild selbst, andererseits verschwinden die alten Sicherheiten des Sozialstaats, denn die Kreativindividualisten sind nicht mehr unter den üblichen Sammelbegriffen zu fassen. Flexibilität und die Bereitschaft zu lebenslangem Lernen, ebenso aber die Fähigkeit, die Unsicherheit der beruflichen Zukunft positiv als Chance zu betrachten, kennzeichnet die kreative Klasse.

Wie erkenne ich Mitglieder der kreativen Klasse?

Mitglieder der kreativen Klasse sind individuell, leistungsorientiert und hochflexibel, erschließen sich durch eigene Aktivität neue Märkte, sind experimentierfreudig und sehr projektorientiert. Kreativarbeiter sind nicht gewerkschaftlich oder verbandsmäßig organisiert, sie handeln ihre Honorare selbst aus und sind auch in dieser Hinsicht „selbst ihres Glückes Schmied". Sie verfügen in der Regel nicht mehr über den „klassischen" Lebenslauf, sondern wechseln häufiger die Richtung. Hierarchien sind ihnen zuwider, mentale Denkverbote zu übertreten macht nicht nur Spaß, es ist die Basis ihres Handelns.

Wie gross ist die Zielgruppe?

In den USA wuchs die Zahl der kulturell Kreativen (neben den klassisch Kreativen wie Designern, Architekten, Schriftstellern, Werbern etc. auch erfolgreiche Ärzte, Chefredakteure, Software-Entwickler, Berater, Handwerker) zwischen 1950 und 2000 von 10 auf 38,5 Millionen Menschen, der superkreative Kern (Autoren, Künstler, Entertainer, Designer etc.) wuchs von 4 auf 15 Millionen Menschen. Das sind 15 % der Erwerbstätigen in den USA. In Deutschland ist der Anteil noch nicht so hoch, wächst aber beständig.

Wie stabil ist der Trend?

Je stärker sich Deutschland aus der Industrie- hin zur Informations- und Wissensgesellschaft entwickelt, desto bedeutsamer werden die Mitglieder der kreativen Klasse. Schon heute verdienen sie überproportional gut. Der Zug zu weniger formalisierten Berufen und Karrierewegen ist jedoch kaum mehr aufzuhalten.

*Richard Florida: „The Rise of the Creative Class", Basic Books 2004

Dr. Bernd W. Dornach

WELCHE FOLGEN HAT DER TREND FÜR DAS HANDWERK?

Wenngleich sich in unseren Trends und den Umsetzungsvorschlägen gewisse Grundsätze in unterschiedlichen Facetten wiederholen, unterliegen künftige Vermarktungsstrategien viel weniger bestimmten Diktaten.

Das Prinzip der kreativen Klasse ist gerade die Differenzierung sowie die Abweichung von der Norm. Auch zukunftsfähige Marketingstrategien müssen ein mehr oder weniger großes Maß an Kreativität enthalten, um überhaupt funktionstüchtig werden zu können. Ohne diesen kreativen Kern fehlt den Strategien sowohl die Alleinstellung als auch die so wichtige durchgängige Linie für die Umsetzung entsprechender Maßnahmen. Diese Vorgaben gelten sowohl für Strategien zur Eroberung der kreativen Klasse als auch für alle anderen Zielgruppenbearbeitungsmaßnahmen. Selbstverständlich werden diese Aktivitäten gerade bei der im Anteil wachsenden kreativen Klasse besonders positiv aufgenommen.

WELCHE CHANCEN ERGEBEN SICH FÜR DAS HANDWERK?

Die Chancen der kreativen Partner wachsen ähnlich wie die Zielgruppen in praktisch allen Bereichen. Das Diktat der Kreativität betrifft Schaufensterdekorationen genauso wie Hausentwürfe, Inneneinrichtungen, Serviceangebote oder Maßnahmen der Reklamationsbearbeitung. Die so oft geforderten besonderen Leistungen im Handwerk lassen sich schlecht mit normalen, traditionellen Marketingmaßnahmen an den Mann oder die Frau bringen. Bekannt ist, dass selbst Billigofferten kreativ umworben werden müssen, um sich überhaupt dafür noch Gehör verschaffen zu können. Gerade bei den für Handwerker wegen der direkten Zielgruppenansprache so wichtigen Maßnahmen des Direktmarketings ist Kreativität heute unverzichtbar, damit beispielsweise der Werbebrief überhaupt geöffnet, geschweige denn bis zum Schluss gelesen wird.

Besonders positiv reagiert die Zielgruppe der kreativen Klasse auf kreative Rituale im Kundenumgang. Unter diesen Vorgaben wird dort schon eher einmal ein (juristisch unerlaubtes) Kalttelefonat toleriert oder ein Terminversäumnis durch eine nette Geste verziehen.

WELCHE RISIKEN SIND ZU BERÜCKSICHTIGEN?

Wenig empfehlenswert ist die oft anzutreffende „Ad-hoc-Kreativität", die nicht konsequent und langfristig in die Vermarktungsstrategien eingebunden ist. Gerade die Zielgruppen der kreativen Klasse identifizieren solche Einzelaktivitäten sehr schnell als „Effekthascherei".

Häufiger anzutreffen sind im Handwerk auch verkünstelte Slogans, die ja die Idee des Unternehmens kurz und bündig repräsentieren sollen, die aber inhaltlich eher von den traditionellen Tätigkeitsfeldern und weniger noch von den Mitarbeitern abgedeckt werden.

Bei den Zielgruppe der kreativen Klasse kann nicht immer mit Verständnis dafür gerechnet werden, wenn ein Handwerker korrigierend auf allzu „hochfliegende" Pläne einwirkt – besser ist es allemal, rechtzeitig die Notbremse der fachlichen Verantwortung zu ziehen, als später die Kunden mit nicht umsetzbaren Ideen konfrontieren zu müssen.

WELCHES KONKRETE BEISPIEL GIBT ES ZUR UMSETZUNG?

Colani designed einzigartiges ROTORHAUS

Prof. Luigi Colani, einer der stilbildendsten und bekanntesten Designer unserer Zeit, und HANSE HAUS (www.hanse-colani-rotorhaus.de) gehen mit ihrer Designpartnerschaft einen großen Schritt in Richtung „Zukunft des Wohnens".

Als „Designpapst" muss Colani natürlich radikal vordenken: Maximale Wohnfläche bei minimalem Außenmaß war sein Ziel. Zentrale Idee seines Hauses ist ein drehbarer Rotor, der die Funktionsbereiche „Schlafen", „Kochen" und „Bad" enthält. Der benötigte Bereich wird jeweils in ein und denselben Raum gedreht und schafft so auf kleinster Fläche bisher nicht gekannte Großzügigkeit. Mit nur 6 x 6 m Grundfläche eignet sich das HANSE-COLANI-Rotorhaus ideal für die wachsende Zahl von Singles, Großstadtnomaden und Kleinfamilien.

Doch es blieb nicht bei der Designstudie. Vor kurzem wurde dieser revolutionär kompakte Entwurf Wirk-lichkeit. Unter dem Namen HANSE-COLANI-Rotorhaus entstand am großem HANSE-Wohnpark Buchrasen in Oberleichtersbach ein Prototyp. Das 75-jährige Firmenjubiläum war laut Internetaussage von Geschäftsführer Johannes Humberg der ideale Anlass, den Blick auf die Zukunft des Hausbaus zu richten. Am 18./19. September 2004 wurde die Studie erstmals der Öffentlichkeit vorgestellt.

Bereits vorher, am 10. August 2004, ist der Rotor, künftiger Mittelpunkt des Hauses, in Oberleichtersbach, dem Firmensitz von HANSE HAUS, eingetroffen. Der Prototyp wurde von Prof. Colani und seinen Mitarbeitern in der Nähe von Karlsruhe gefertigt.

Mittels Kran wurde das über 800 kg schwere Einzelstück in die bereits fertig gestellte Haushülle gehoben. Kurz nach Absetzen konnten Mitarbeiter damit beginnen, technische Vorrüstungen für die Rotation vorzunehmen.

Thomas Huber

5 FRAGEN ZUM TREND: DISCOUNT-JÄGER

WAS SIND EIGENTLICH DISCOUNT-JÄGER?

Seit Jahren plagt eigentlich alle Branchen ein besonderer Typus von Konsument: der Schnäppchenjäger. Nun aber dem Konsumenten einen Vorwurf zu machen, wäre falsch, denn es war die Wirtschaft und hier vor allem der Handel, der diesen Geist aus der Flasche gelassen hat. Der Anteil der Discounter im Lebensmittelhandel stieg seit 1994 von 24 % auf 40 %. So schnell kann eine Bevölkerung gar nicht verarmen, dass dieser „Siegeszug" nur mit der geringeren Kaufkraft erklärt werden kann. Zur billigen Butter und der Dauerwurst kamen Herrenhemden, Flugreisen, Handys, Computer, Werkzeuge, Haarschnitte, Häuser etc. Für alles und jeden gibt es heute ein Discount-Angebot.

WAS STECKT DAHINTER?

Über Jahre wurde der Konsument systematisch dazu erzogen, jeden realen Preis als zunächst einmal überteuert wahrzunehmen. Schließlich gab es das gleiche Produkt im Schlussverkauf oder an der nächsten Ecke um die Hälfte. Durch das systematische Verhindern von vergleichbaren Preisen (nicht nur im Baumarkt!) wurde jedes Gefühl für einen angemessenen Wert erschüttert. Die Folgen heute sind ein besonders hoher Vertrauensverlust der Konsumenten, denn alles könnte entweder superbillig oder wahnsinnsteuer sein. Kommt dann noch eine nicht mehr unterscheidbare Qualität – oder die mangelnde Aufklärung zum Thema Qualität – hinzu, gibt es keinen Grund mehr für den Konsumenten, mehr als das Nötigste auszugeben.

WIE ERKENNE ICH DISCOUNT-JÄGER?

Echte Discount-Jäger denken kurzfristig und haben eigentlich kein Interesse an den Dingen. Ihr Informationsstand ist in der Regel gering bei allem, was über den reinen Preis hinausgeht. Etwas billiger bekommen zu haben als die anderen, ist der eigentliche Antrieb ihres Konsums. Viele unter ihnen sind jedoch zutiefst frustrierte Verbraucher, die sich, mit etwas Gespür, durchaus dazu überreden lassen, etwas mehr zu investieren. Ihre größte Angst ist, für ihr gutes Geld doch nur „das Gleiche" zu bekommen. Aufklärungsarbeit steht hier an erster Stelle. Die Discount-Jäger sind das Gegenteil des Prosumenten, wie wir ihn beim Connaisseur treffen (siehe auch dort).

WIE GROSS IST DIE ZIELGRUPPE?

Die Zahl der Discount-Käufer wird in den kommenden Jahren mit Sicherheit immer noch weiter ansteigen – ausgehend von einem derzeit schon sehr hohen Niveau.

WIE STABIL IST DER TREND?

Der Weg aus dem Vertrauensabgrund ist lang. Erschwerend kommt hinzu, dass wir uns längst von der Überfluss- in eine Art Überdruss-Gesellschaft bewegt haben. Wer mit eigenen Discount-Konzepten am Markt antritt, braucht sich für längere Zeit keine Sorgen mehr um seine Zielgruppe machen. Der Trend ist somit als sehr stabil zu betrachten.

Dr. Bernd W. Dornach

Welche Folgen hat der Trend für das Handwerk?

Der „Geiz-ist-geil-Trend" gehört zu den leidigsten Kapiteln der deutschen Marketinggeschichte. Früher war es eine der wichtigsten Aufgaben von Marketingfunktionären, Produkte zu differenzieren, dabei die Wettbewerbsvorteile herauszustellen und letztlich ein hohes Maß an Begehrlichkeit zu wecken. Eine alte Marketingweisheit lautet: „Verkaufen ist keine Kunst, aber dabei verdienen." Und dieses „Besser verkaufen und mehr verdienen" ist angesichts der im Zeitablauf steigenden Marketing-aufwendungen und damit einhergehenden Kosten dringend vonnöten.

Die Folgen der Discount-Jäger für das Handwerk sind katastrophal. Die nahe liegenden Einsparmaß-nahmen im Marketing mit gleichzeitig einhergehendem Preisdruck haben längst eine nach unten offene Negativspirale ausgelöst. In Kombination mit der allgemeinen Kaufzurückhaltung sind für viele Betriebe die Überlebenschancen begrenzt.

Welche Chancen ergeben sich für das Handwerk?

Wie so oft im Leben überwiegen auch beim Discount-Trend trotz aller Unkenrufe die Chancen vor den Risiken. Dies gilt vornehmlich für die Betriebe, die sich wirklich konsequent um diesen Mega-Markt kümmern – und dies sind bisher eher wenige!

Allein bei den Recherchen für das vorliegende Werk nach wirklich „aldisierten" Betrieben wurden die Autoren nur äußerst selten auf entsprechende „Gehversuche" aufmerksam. In allen Fällen erhielten die Autoren bezüglich der Veröffentlichung der Strategie als Fallbeispiel eine konsequente Absage. Notgedrungen musste deshalb auf ein peripheres Beispiel der Möbelbranche zurückgegriffen werden.

Dabei sind die Bedingungen zur erfolgreichen Bearbeitung dieses Riesenmarktes durch das Handwerk bekannt: Beschränkung auf echte Kernkompetenzen mit hohem Umsatzanteil zur Erreichung der Kostenvorteile im Einkauf und bei der Fertigung, größtmögliche Standardisierung aller möglichen Abläufe, insbesondere auch Vereinheitlichung und Kontinuität der Marketingmaßnahmen, konsequente Vermeidung aller nicht kundenrelevanten Kosten, kreative Marktnischendefinition.

Welche Risiken sind zu berücksichtigen?

Genauso wie die Chancen sind in diesem Trend-Markt die Risiken bekannt: Wenig konsequente Strategien, mangelndes Durchhaltevermögen, zu geringe Losgrößen und begrenzte finanzielle Ressourcen. Unter diesem Blickwinkel kommen dann ganz schnell emotionale Probleme hinzu. Nicht zu unterschätzen sind wirklich Gewissensfragen, die gegen die Handwerkerehre verstoßen, mangelnde echte Überzeugung und letztlich wenig Spaß an der Leistung und „Lustverlust". Schlimmer noch wiegt die Gefahr der „Zwangsaldisierung". Schlechte Preise nicht mit System, sondern wegen mangelnder Durchsetzbarkeit. Margenvernichtung bis in zum existenziellen Exodus.

WELCHES KONKRETE BEISPIEL GIBT ES ZUR UMSETZUNG?

**Who's perfect –
Schrecken der Markenmöbelhändler**

Der Schrecken sitzt in Berlin, Hamburg, München und Stuttgart. Es sind Möbelläden zwischen 3.000 und 5.000 m² Verkaufsfläche. Sie nennen sich Who's perfect und ihr Schrecken sind die niedrigen Preise für Markenmöbel. Natürlich schrecken sie damit nicht die Möbelkäufer. Denn denen sind niedrige Preise recht. Nein, sie schrecken die Hersteller und Händler von Markenmöbeln. Denn denen sind nur hohe Preise recht.

„Was sind das für Markenmöbel?", fragen Sie, „Ist auch Hülsta, Ekornes, Musterring, Rolf Benz, Machalke usw. dabei?"

Nee, gerade die sind mir bisher nicht aufgefallen. Aber was nicht ist, kann ja noch werden. Es sind vorwiegend Italiener mit ihren tollen Designermöbeln. Die anderswo hohen Preise sind hier um einiges niedriger.

Die Idee der Münchener La Nueva Casa Möbelhandels GmbH, dem Verbraucher Markenmöbel mit Macken billig anzubieten, kam an. Dann war da noch der Gag, die Läden nur für ein paar Tage im Monat zu öffnen. Tatsächlich schluckte der Verbraucher die Begründung, dass man Zeit brauche, um frische Markenware heranzuschaffen, und drängelte sich während der kurzen Öffnungszeiten in die spartanisch einfache Ausstellung.

Heute wird nicht nur Ware mit Macken angeboten, sondern auch taufrische und einwandfreie wie bei einem Edelmöbler. Selbstbewusst tönen die Who's perfect-Macher: „Da wir mächtig wachsen, ist der Kunde mit unserem Preis-Leistungs-Verhältnis zufrieden." So, als wenn es solch ein Verhältnis überhaupt gäbe.

Ferner schreiben sie im Internet: „An uns wird bald keine Möbelmarke mehr vorbei kommen. Nehmen sie als Beispiel den Elektrohandel: Die Billiganbieter Saturn oder Media Markt führen auch alle großen Marken."

Auch ich ahne, dass dies kommen wird und viele Möbelmarken bald in den Who's-perfect-Läden zu finden sein werden. Aber dann auch mit der gleichen Wirkung auf die Preise wie in der Elektrobranche: So wie heute Markengeräte bei Saturn und Media Markt überhaupt nicht billiger sind als bei manchem Elektrofachhändler, werden die Möbelmarken bei vielen Möbelhändlern genau so billig (oder so teuer) zu haben sein wie bei Who's perfect.

SECHS VON DREITAUSEND

Who's perfect?

V. „DER NÄCHSTE SCHRITT IST IMMER DER SCHWERSTE!"

Wie Sie von „Meisterhaft verkaufen im Handwerk" profitieren

„Meisterhaft verkaufen im Handwerk" ist ein Kooperationswerk, entstanden aus der Überzeugung, dass geteiltes Know-how doppeltes Wissen werden kann. Mit diesem Buch möchten die Autoren drei Dinge veranschaulichen:

■ Eine Reihe von Trends und Entwicklungen vorstellen, welche unsere Gesellschaft und die Menschen, die in ihr leben, in den kommenden Jahren prägen und verändern werden.

■ Aufzeigen, welche konkreten Auswirkungen der jeweiligen Trend für das Handwerk haben wird und welche Möglichkeiten er für den Leser eröffnen kann.

■ Beispiele erfolgreicher Umsetzungen sollten zeigen, welche „Best Practice"-Vorbilder es zu den einzelnen Trends bereits heute gibt, und den Leser dazu anregen, weiterzudenken und eigene Innovationen voranzutreiben.

GRAU IST DIE THEORIE – BUNT DIE PRAXIS: DAS BASISWERK

„Meisterhaft verkaufen im Handwerk" ist angelegt als „Basiswerk", in dem die aktuellen Trendentwicklungen im Überblick ausgebreitet sind.

Den Autoren ist bewusst, dass die Wirklichkeit sich in jedem Einzelfall erweisen muss und allgemeine Aussagen am Ende stets an der Realität gemessen werden. Nicht jeder Trend wird also für jeden umsetzbar sein. In manchen Regionen mag die Kaufkraft nicht ausreichend sein für eine Luxusausrichtung und in anderen Fällen ist vielleicht die Möglichkeit, strukturelle Innovationen umzusetzen, durch geringe Eigenkapitaldeckung eingeengt. Extreme Wettbewerbsverhältnisse können die Verwirklichung mancher Idee ebenso behindern wie die Frage, ob der Nachfolger den Ansatz auch nachhaltig weiterführen wird.

Viel entscheidender als diese Einschränkungen, die es in allen Unternehmen in der einen oder anderen Weise immer gibt, ist aber, ob ein Klima für Innovationen geschaffen oder verhindert wird. Die Autoren sind überzeugt, dass in allen Wirtschaftsbereichen, auch und gerade in Deutschland, weiterhin große Chancen der Entwicklung bestehen. Und diese Aussage schließt das Handwerk ausdrücklich mit ein. Wir leben in einem Land mit hoher Bildung und hohem Lebensstandard, dessen Bürger eine Vielzahl von individualisierten Leistungen suchen. Um diese Nachfrage qualifiziert ansprechen zu können, brauchen Unternehmen heute entscheidungsbereite Führungskräfte und besonders im Handwerk in der Regel einen starken Inhaber, der bereit ist, neue Ideen zuzulassen, über Veränderungen offen nachzudenken und sich mit den entsprechenden Auswirkungen kritisch auseinander zu setzen. Solche Betriebe brauchen zudem engagierte Mitarbeiter, die nicht nur ihren Job machen, sondern auch zu Mit-Schöpfern neuer Ideen werden – immer seltener ist es heute der Einzelne, der allein mit einer zündenden Idee den Markt im Sturm erobert.

WER NICHT WEISS, WO ER STEHT, WIRD DAS ZIEL NIE FINDEN!

Auch im Umgang mit Trends empfiehlt es sich, wie bei allen Veränderungen und unternehmerischen Entscheidungen, durchaus kritisch zu hinterfragen, welche der vielen Entwicklungen mit dem eigenen Selbstverständnis abzudecken sind und welche zu einer völligen – und/oder nachteiligen – Veränderung des Betriebes führen könnten.

Die Autoren haben gezeigt: Wir haben es mit aufgeklärten Kunden und Konsumenten zu tun, die sehr gezielt auswählen, welche Angebote sie attraktiv finden oder nicht. Wer einen Trend nicht hundertprozentig mit Leben füllen kann, also nicht konsequent hinter den Angeboten und Produkten stehen kann, die damit einhergehen, der sollte die Finger davon lassen und sich eine anderen Trend suchen, der besser zu ihm passt. Denn was auf der einen Seite die Wirtschaft und Gesellschaft heute so unübersichtlich macht, ist auf der anderen Seite eine große Chance: Es gibt nicht nur den einen Trend, bei dem alle mitmachen und sich folglich alle um „dasselbe Stück Kuchen streiten" – es gibt eine Fülle von Trends und Entwicklungen, die sich teilweise sogar widersprechen, weil sie andere Zielgruppen bedienen. Es geht darum, die Konsumenten-Gruppen herauszukristallisieren, die zum Selbstbild des Betriebs passen und die man glaubwürdig ansprechen kann. Dazu muss man kein Psychologe sein, aber man muss sich mit den Wünschen und Vorstellungen der Kunden auseinander setzen, zuhören und mitdenken.

AUSBLICK AUF GRUNDLAGE DES BASISWERKS: „SPECIAL REPORTS"

Ganz wichtig wird es also sein, sich über die eigene Positionierung, die Stärken des Betriebs, das Selbstverständnis und die Botschaft, die nach außen kommuniziert werden soll, klar zu werden. Erst wenn dieser Schritt erfolgt ist, kann man mit den entsprechenden Trends, Anregungen und Beispielen erfolgreich eigene Innovationen entwickeln. Solche Positionierungen müssen für jeden Betrieb und für jedes Gewerk im Einzelnen und im Detail erfolgen, denn sie hängen neben den speziellen Faktoren der einzelnen Tätigkeitsbereiche auch von der spezifischen Konstellation des regionalen Umfelds, des Wettbewerbs und nicht zuletzt von der Lebensplanung des Inhabers ab.

Auf diesem Weg möchten wir Sie in Zukunft auch weiterhin begleiten. Aus diesem Grund soll dieses „Basiswerk", in dem wir die wichtigsten Trends der kommenden Jahre übergreifend dargestellt haben, nicht isoliert für sich stehen bleiben, sondern wird in der kommenden Zeit mit immer spezifischeren Betrachtungen komplettiert werden. Diese speziellen Betrachtungen werden als „Special Reports" erscheinen und die in diesem Buch beschriebenen Trends auf die einzelnen Gewerke projizierten, auch vor dem Hintergrund spezieller Themenbereiche wie z. B.:

- Mitarbeitersuche,
- Kommunikation,
- Entwicklung einer trendgestützten Positionierung,
- Marketingpläne für spezifische Konsumenten-Gruppen.

Ziel der „Special Reports" ist es, weitere Praxisbeispiele zu liefern, weitere Umsetzungsideen zu zeigen, die in diesem Basiswerk nicht behandelt werden konnten, aber auch spezifischere Problemstellungen aus einzelnen Gewerke gezielter zu betrachten. Jeder der „Special Reports" wird das Thema zunächst in den Trendkontext einordnen und dann im Detail Lösungen und Umsetzungen beschreiben, so dass im Verlauf der Zeit ein umfassendes Archiv von beispielhaften Lösungen und Umsetzungen auf Trendbasis entstehen wird.

Das Handwerk hat Zukunft, dafür werden Sie als Unternehmer und Gestalter sorgen. Davon sind wir überzeugt. Die positive „Droge" Erfolg wird in Deutschland in Zukunft wieder höher geschätzt werden, das zeichnet sich bereits heute ab. Wenn es uns gelingt, Ihnen hierbei zu raten, Sie anzuregen, Ideen oder Kontroversen anzustoßen, dann haben dieses Buch und die folgenden „Special Reports" ihr Ziel erreicht. Die Zukunft beeinflusst unser Handeln in der Gegenwart – denken Sie darüber nach!

Thomas Huber   Dr. Bernd W. Dornach

VI. DIE AUTOREN

DR. BERND W. DORNACH,

seit 1983 Leiter des UNI MARKETING Institutes in Augsburg, gilt heute als Europas Experte Nr. 1 in Sachen HANDWERKS-MARKETING.

Dr. Dornach ist bekannt für seine Forschungsprojekte im Handwerk, für Aufsehen erregende Veröffentlichungen über die Zukunft des Handwerks und seine Marketingvorträge, Verkaufstrainings und Coachings.

In dem von Dr. Dornach entwickelten Guide „Faszination Handwerk – Eine Auslese der Besten" (2. Auflage) werden die Top-Betriebe des deutschen Handwerks mit Ihrem Kundenorientierungsquotienten gelistet.

THOMAS HUBER,

Trendforscher, Journalist und Kommunikationsdesigner, ist Inhaber der Agentur Von Quadt & Company in München. Er berät kleine und mittelständische Unternehmen zum Thema Strategie und Positionierung, leitet Innovationsworkshops und hält Vorträge zum Thema „Das Handwerk der Zukunft".

Seit über 10 Jahren arbeitet er als Trendforscher und veröffentlicht Bücher und Studien zum Thema. Mit seiner bekannten Studie „Die Zukunft des Handwerks" (Juni 2003, Das Zukunftsinstitut, Kelkheim) zeigte er Wege, wie sich das Handwerk auf einen rapide ändernden Markt einstellen kann.

BURGA WARRINGS,

sammelte mehrjährige Erfahrung in Australien, insbesondere im Managementbereich für Marketing & Verkauf im Hotel-, Gaststätten- und Einzelhandel.

Seit 1997 ist Burga Warrings Projektleiterin im UNI MARKETING Institut in Augsburg und leitet u. a. den Trainerkreis der lizenzierten Trainer des Uni Marketing Teams. Als Key Note Referentin und Trainerin referiert sie selbst über Handwerksmarketing, Schwerpunkt Kommunikation.

Burga Warrings ist Co-Autorin der Fachbücher „Handwerks-Marketing" und Mitherausgeberin des Bestsellers „Frauen im Handwerk". Sie hat zahlreiche Fachartikel veröffentlicht.

Im vorliegenden Buch hat Burga Warrings insbesondere die relevanten Praxisbeispiele recherchiert.

LITERATURVERZEICHNIS

Dr. Bernd W. Dornach, Publikationsreihe
**„Handwerks-Marketing",
Ideen und Visionen für Erfolgsstrategien im
Handwerk, Band 1 – 7:**

Band 1 behandelt das **„Innen-Marketing"** im Handwerk und geht von der Devise aus, dass Handwerksbetriebe sinnvollerweise zuerst damit beginnen sollten, ihren Betrieb intern schlagkräftig(er) zu machen, um für die zukünftigen Herausforderungen fit zu sein (Holzmann Verlag, Bad Wörishofen, ISBN 3-7783-0407-0, 74,90 €).

Band 2 konzentriert sich auf das **„Außen-Marketing"** im Handwerk und beschreibt die wichtigsten Möglichkeiten, wie Handwerksbetriebe ihre kompetenten Leistungen aktiv und effizient an die richtigen Zielgruppen herantragen (Holzmann Verlag, Bad Wörishofen, ISBN 3-7783-0408-9, 74,90 €).

Band 3 verbindet mit dem aktuellen Thema **„Beziehungs-Marketing"** Innen- und Außeneffekte und zeigt auf, wie Handwerker jetzt ganz schnell ihr Image verbessern und mehr verdienen (Holzmann Verlag, Bad Wörishofen, ISBN 3-7783-0398-8, 74,90 €).

Band 4 mit dem Titel **„Frauen im Handwerk"** repräsentiert überzeugend das neue Bild der Frau: Geschickte Moderation zwischen Kundenwünschen und Möglichkeiten, offen für Kooperationen mit Kollegen und Mitarbeitern, Einsatz von Spontaneität ohne Strategielosigkeit sowie glaubwürdige Verschmelzung von Familienmanagerin und dem neuen Frauenbild (UNI MARKETING – Verlag für kreative Kommunikation, Augsburg/Bergheim, ISBN 3-936786-01-1, 49,– €).

Band 5 der Reihe, **„Erfolgreiches Verkaufen im Handwerk"** lüftet die Geheimnisse der Verkaufsprofis im Handwerk und zeigt die kompromisslosen Kompetenz-Programme für das Handwerk (UNI MARKETING – Verlag für kreative Kommunikation, Augsburg/Bergheim, ISBN 3-936786-02-X, 49,– €).

Band 6 mit dem Titel **„Der Kunde im Handwerk"** zeigt die Rahmenbedingungen für die Umsetzung der Kundenorientierung, gibt Hinweise auf attraktive Zielgruppen und Marktnischen und kommentiert konkrete Beispiele für Erfolgsstrategien (UNI MARKETING – Verlag für kreative Kommunikation, Augsburg/Bergheim, ISBN 3-936786-03-8, 49,– €).

Band 7 der Reihe, **„Marketing für Bauunternehmer"** bietet speziell auf das Baugewerbe abgestimmte Lösungen mit Hilfe zahlreicher Übersichten, Checklisten und Handlungsempfehlungen für zielgruppenorientierte Maßnahmen. Namhafte Autoren des Baugewerbes machen mit ihren praxisgerecht aufbereiteten Beiträgen dieses Buch zu einem unverzichtbaren Helfer zur erfolgreichen Bewältigung des Strukturwandels in der Baubranche (Holzmann Verlag, Bad Wörishofen, ISBN 3-7783-0514-X, 39,90 €).

„Der Dornach: Faszination Handwerk – Eine Auslese der Besten" 2004/2005:

Ratgeber, Ideenbuch & Orientierungshilfe rund um das Handwerk, für Handwerk und Endkunden (UNI MARKETING – Verlag für kreative Kommunikation, Augsburg/Bergheim, ISBN 3-936786-05-4, 29,– €).

Thomas Huber
„Die Zukunft des Handwerks"

Die Studie von Thomas Huber erschien im Sommer 2003 und behandelt das Handwerk und die Trends der kommenden Jahre auf über 150 Seiten. Die Studie ist erschienen bei: Das Zukunftsinstitut (www.zukunftsinstitut.de) und ist dort erhältlich.